U0158908

电力数据：从概念到应用

主　编◎陈　彬
副主编◎张　伟　王晓磊

中国电力出版社

内 容 提 要

本书是一本介绍电力数据基本概念和知识体系的著作，全书围绕电力数据，从数据的基础概念出发，引出数据的分类和数据管理的生命周期等内容，详细讲述了数据管理的生命周期的七个方面，即数据的架构、数据的采集和存储、数据质量治理、数据安全、数据共享、数据挖掘、数据增值，介绍了数据管理的概念、职能和组织及电力数据主流基础平台的概念、能力和应用特点，收集了电力数据应用和管理的典型案例，并在附录中对书中出现的名词术语编排了索引，以便读者查询。本书风格既有规范定义，也有通俗释义和案例图解，力求深入浅出、通俗易懂。

本书可供从事电力企业数据分析、应用、开发和管理等相关工作的技术和管理人员学习使用，也可供对数据科学感兴趣的读者阅读，亦可供大专院校相关专业师生参考。

图书在版编目（CIP）数据

电力数据：从概念到应用／陈彬主编．—北京：中国电力出版社，2020.9（2022.7 重印）
ISBN 978-7-5198-4691-6

Ⅰ.①电… Ⅱ.①陈… Ⅲ.①电力系统－数据管理－研究 Ⅳ.①TM7

中国版本图书馆 CIP 数据核字（2020）第 088257 号

出版发行：中国电力出版社
地　　址：北京市东城区北京站西街 19 号（邮政编码 100005）
网　　址：http://www.cepp.sgcc.com.cn
责任编辑：钟　瑾（010-63412867）　周　莉
责任校对：黄　蓓　马　宁
书籍设计：锋尚设计
责任印制：钱兴根

印　　刷：北京博海升彩色印刷有限公司
版　　次：2020 年 9 月第一版
印　　次：2022 年 7 月北京第二次印刷
开　　本：710 毫米 ×1000 毫米　16 开本
印　　张：13
字　　数：233 千字
定　　价：68.00 元

《电力数据：从概念到应用》编写组

主　编：陈　彬

副主编：张　伟　王晓磊

成　员：沈　佳　何晋新　王天军　颜培培

　　　　王层层　安　续　马海波　尹　蕊

前言

在人类的社会生活、工作、交流过程中，数据不断产生并逐步被记录和存储，其蕴含着各类活动的内在规律。2019 年 10 月，中国共产党第十九届四中全会上，“数据”第一次被纳入生产要素，并参与分配，这被认为是一个重大的理论创新。2020 年 3 月，中共中央、国务院发布《关于构建更加完善的要素市场化配置体制机制的意见》，提出了数据要素市场化配置的具体举措。数字经济时代已经来临，数据已经成为企业的战略资源、重要资产和生产要素。

能源革命和数字革命相融并进已是大势所趋，传统电力行业正面临着能源转型所带来的机遇和挑战，电力数据已成为推进能源生产与消费革命的关键资源。一方面，电网企业利用电力数据实现电能供应全流程效率的提高，实现企业经营管理各环节核心资源的优化配置，实现对上下游客户的友好互动和优质服务，推进企业数字化转型和高质量发展。另一方面，电力数据是贯穿电力系统“发、输、变、配、用”各个环节，覆盖各行各业和千家万户的数据资源，具有巨大的应用潜力和价值。国家电网公司提出发展数字业务要以促进数据要素自由流动、释放公司数据价值为目标；南方电网公司强调要实现电网数字化、运营数字化和能源生态系统数字化；各大发电集团也都不遗余力地开展数字化转型的探索与实践。

可见，电力数据正在推动着一场模式与价值功能的重构，为传统电网改造升级和电力企业转型发展提供了新思路、新方法和新的解决方案，电力数据正迎来最好的时代。然而，目前行业内关于电力数据的专业书籍尚未面世，而广大电力职工对电力数据基本概念和知识体系的了解还存在不完备、不准确、不清晰的情况，制约了全员参与电力系统数字化升级和电力企业数字化转型的进程，影响了电力数据应用成效的发挥和价值的体现。

本书是一本介绍电力数据基本概念和知识体系的著作，全书基于电力数据从基本概念贯穿到具体应用，第 1 章从数据的基础概念出发，逐渐引出数据的分类和数据管理的生命周期等内容。第 2~8 章围绕数据管理的生命周期展开介绍，包括数据的架构、数据的采集和存储、数据质量治理、数据安全、数据共享、数据挖掘、数据增值等。第 9 章介绍了数据管理的基本概念、职能和组织等。第 10 章主要介绍云平台、数据中台和物联管理平台。第 11 章介绍了数据应用和数据管理方面的典型案例。

本书有幸得到了国网新疆电力有限公司、国网信通亿力科技有限责任公司、中国电力出版社、青海绿能数据有限公司的诸多专家和同仁的指导和帮助，全书由沈佳统稿，郑尧、戴万标对相关素材进行了收集和整理，郭毅为本书封面赠画，张龙军、李明轩对全书的文字、图表进行了校对和编辑，特向他们表示由衷的感谢。

互联网快速发展的今天，书中涉及的很多名词术语的内涵在不断更新变化，业界的见解也是见仁见智，加之时间仓促和作者水平有限，书中不妥或疏漏之处在所难免，恳请读者批评指正。

陈彬

2020 年 7 月于新疆

目 录

1 认识数据的概念

数据是指企业经营管理过程中产生的和从外部获取的数字化资源与成果，通过计算机信息系统存储和管理，表现为数字、文本、图形、图像、声音或视频等形式，数据是企业的战略性核心资源，属于企业的重要资产。

对于电力行业而言，根据业务特性，电力生产设备的运行工况参数、设备运行状态等实时生产数据，现场系统所采集的设备监测数据以及发电量、电压稳定性等方面的数据，企业运营和管理数据（如交易电价、售电量、用电客户信息、综合数据等），这些结构化数据、非结构化数据、半结构化数据、采集量测数据共同构成了电力数据。

本章介绍数据的基本概念、数据的分类、数据管理的生命周期等内容。

认识数据的概念

本节主要介绍以下内容：

（1）数据的定义和电力数据的特点。

（2）数据和信息、知识的关系。

（3）数据和大数据。

（4）数字化和数字化转型。

什么是数据？

数据是以文本、数字、图像、声音和视频等格式对事实进行表现。从技术上讲，数据（Data）是数据（Datum）一词的拉丁语的复数形式，这意味着，数据本身是“一个事实”，对事实进行获取、存储和表达即形成数据。

对于电力行业而言，常见的电力数据有电力生产设备的运行工况参数、现场系统所采集的设备监测数据、交易电价、售电量、用电客户信息等。

现实生活中的数据比比皆是，如图 1-1 所示，电能表上的读数就是一种数据，温度计上的读数也是一种数据。

图 1-1　电能表和温度计的读数

数据和信息、知识的关系是什么？

数据以文本、数字、图形、图像、声音和视频等格式对事实进行表现。

信息是指有上、下文的数据。上、下文包括：

（1）数据相关的业务术语的含义 。

（2）数据表达的格式。

（3）数据所处的时间范围。

（4）数据与特定用法的相关性。

知识是基于信息整合形成的观点，是基于信息对模式、趋势的识别、解释、假设和推理。

如图 1-2 所示，单纯的数据不能表达具体意思，信息赋予了数据的具体环境，数据经过加工处理之后就成为信息，而信息需要经过数字化转变成数据才能存储和传输。对信息进行再加工，并深入分析和总结，才能获得有用的知识。

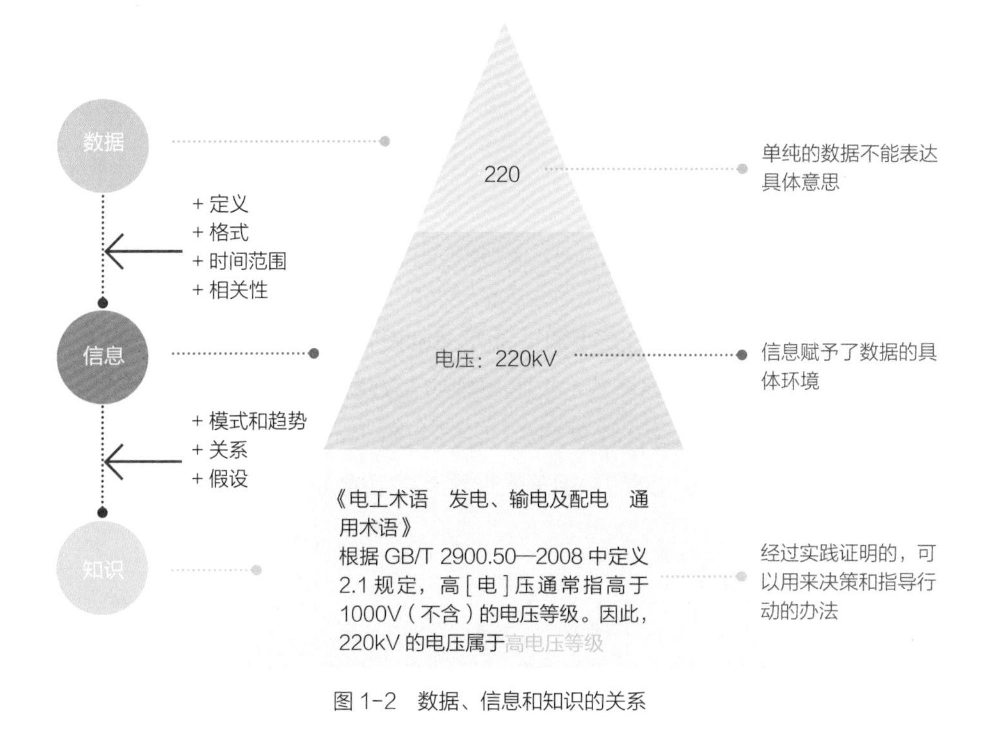

图 1-2　数据、信息和知识的关系

电力数据有什么特点？

对于电力行业而言，根据业务特性，电力生产设备的运行工况参数、设备运行状态等实时生产数据，现场系统所采集的设备监测数据以及发电量、电压稳定性等方面的数据，企业运营和管理数据（如交易电价、售电量、用电客户信息、综合数据等），这些结构化数据、非结构化数据、半结构化数据、采集量测数据共同构成了电力数据。

电力数据是贯穿电力系统“发、输、变、配、用”各个环节，覆盖各行各业和千家万户的数据资源，具有巨大的应用潜力和价值。电力数据具有以下突出特点：

（1）电力数据的覆盖性和代表性高。电能是当前最主要的能源形式，电力数据产生于电能的“发、输、变、配、用”各个环节，覆盖了各个环节上各类电能相关方，涉及不同区域和不同行业。

（2）电力数据的关联性和价值性高。电力数据不仅能全面真实反映电网运行状态，还关联着上游电能生产商、电力设备供应商、电力技术提供商，关联着下游电能经销商、电力消费者、电器生产商，是上下游关联的各类主体运行的“晴雨表”和“风向标”，在服务经济社会发展、电网安全运行、企业经营管理和客户优质服务等方面具有广阔应用前景和价值潜力。

（3）电力数据的实时性和真实性高。电能的生产、转换和消费是在瞬间完成的，在这个过程中产生的电力数据本身就具有天然的实时性与真实性。

什么是数据中心？

数据中心是由计算机场站（机房）、机房基础设施、信息系统硬件（物理和虚拟资源）、信息系统软件、信息资源（数据）和人员以及相应的规章制度组成的组织。

例如，某企业的数据中心由计算机场站（机房）、信息系统的软件 / 硬件、信息资源（数据）、人员组织架构和相关的规章制度组成，如图 1-3 所示。

什么是大数据？

大数据是具有体量巨大、来源多样、生成极快且多变等特征并且难以用传统数据体系结构有效处理的包含大量数据集的数据。

可以将大数据类比成矿产宝藏，大数据具有海量的数据资源，通过大数据挖掘工具和分析算法，可以从中挖掘出有效的、潜在的具有价值的数据，来辅助决策、推动业务发展。大数据与矿藏的类比如图 1-4 所示。

图 1-3　数据中心的组成

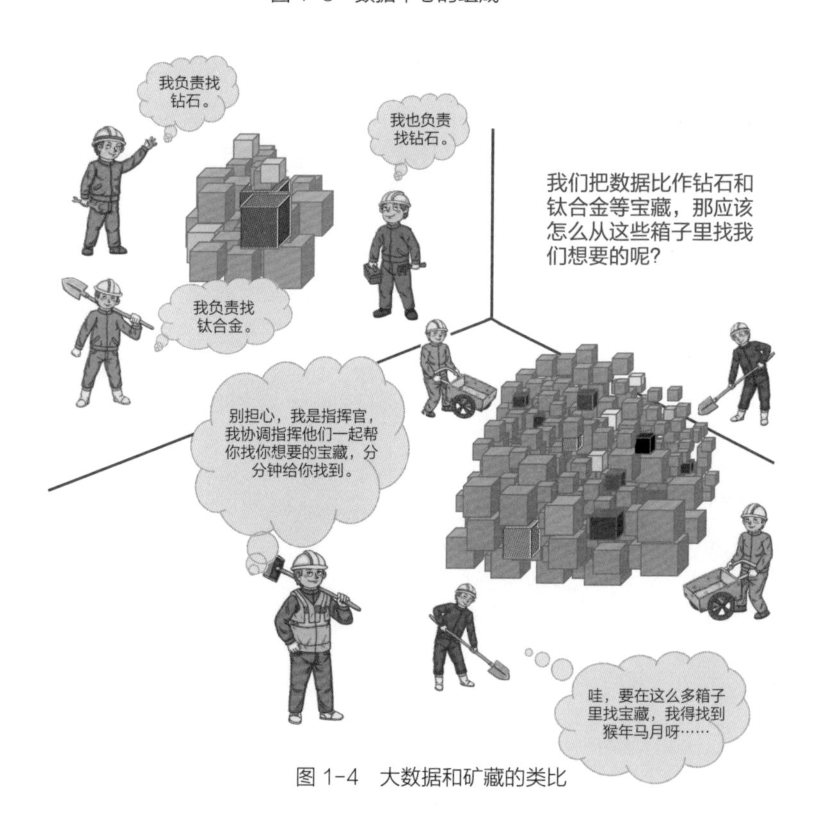

图 1-4　大数据和矿藏的类比

大数据有哪些特性？

大数据的特性如图 1-5 所示，主要包括 5 个“V”，即量大（Volume）、类型多（Variety）、价值发现难度大（Value）、速度快（Velocity）、真实性（Veracity）。

（1）量大（Volume）。一种相对于现有的计算和存储能力的说法，就目前而言，当数据量达到 PB 级以上时，一般称为“大”的数据。

（2）类型多（Variety）。大数据涉及多种数据类型，包括结构化数据、非结构化数据和半结构化数据。有统计显示，在未来，非结构化数据的占比将达到 90% 以上。非结构化数据所包含的数据类型很多，例如网络日志、音频、视频、图片、地理位置信息等。数据类型的多样性往往导致数据的异构性，进而加大数据处理的复杂性，对数据处理能力提出了更高的要求。

（3）价值发现难度大（Value）。在大数据中，数据价值与数据量之间不一定存在线性关系，有价值的数据往往被淹没在海量无用的数据之中，如何从海量数据中洞见出有价值的数据，是数据科学的重要课题之一。

（4）速度快（Velocity）。大数据中所说的“速度”包括增长速度和处理速度。一方面，大数据增长速度快。有统计显示，2009～2020 年数字宇宙的年均增长率将达到 41%。另一方面，对大数据处理的时间（计算速度）要求也越来越高，大数据实时分析成为热点。

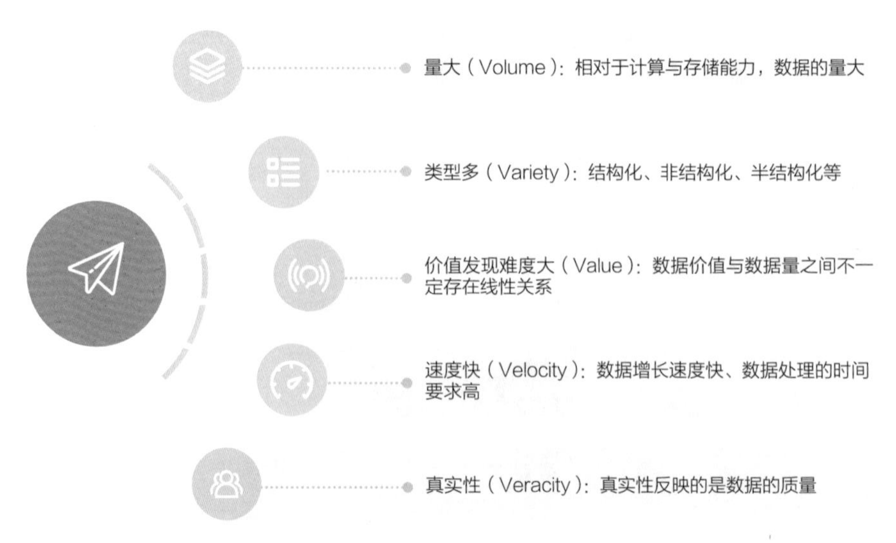

量大（Volume）：相对于计算与存储能力，数据的量大
类型多（Variety）：结构化、非结构化、半结构化等
价值发现难度大（Value）：数据价值与数据量之间不一定存在线性关系
速度快（Velocity）：数据增长速度快、数据处理的时间要求高
真实性（Veracity）：真实性反映的是数据的质量

图 1-5　大数据的特性

（5）真实性（Veracity）。真实性就是指数据的质量，海量数据并不一定都能反映用户真实的行为信息或者客观事物的真实信息。以网页访客数据为例，很多网站为了赚取更多的广告费用，会使用作弊机器人对广告进行点击，这样其实就造成了作弊流量，而这些流量并不能反映用户的真实需求。

如营销系统存储的企业客户数据，在传统数据时代，只需要客户标识、客户名称、客户类型等数据信息；但随着电网企业的不断发展，想要更好地了解客户需求，有针对性地向客户提供高效服务，就需要多维度的客户数据，需要基于客户进行全方位的用户画像，如图 1-6 所示。

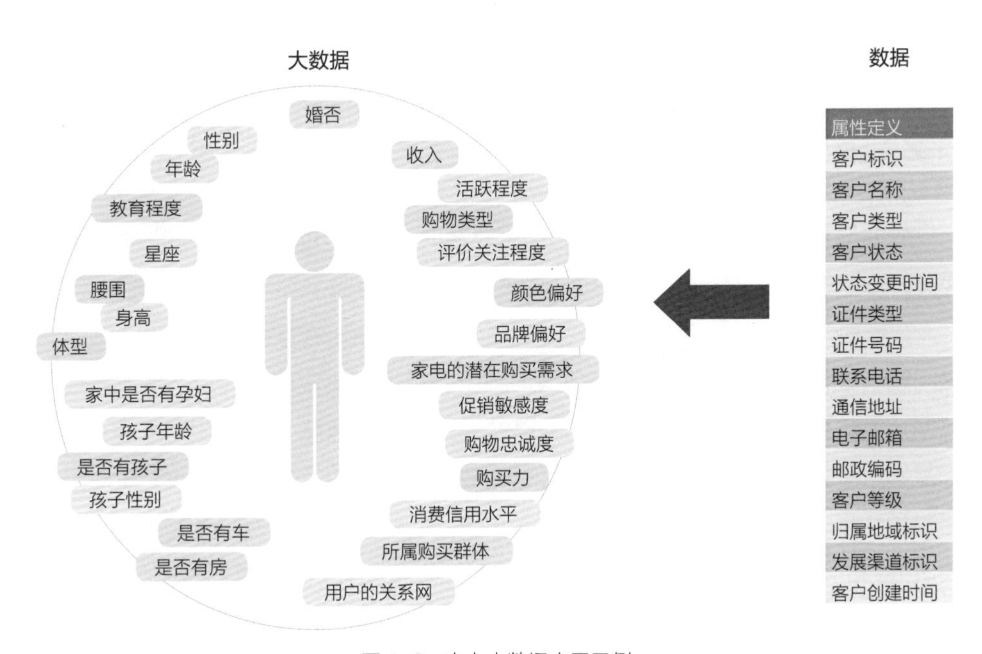

图 1-6　电力大数据应用示例

数据和大数据是什么关系？

数据和大数据的关系可以归纳为以下三点：

从定义范畴而言，数据的范畴大于大数据，数据包含了大数据。数据是以文本、数字、图像、声音和视频等格式对事实进行表现，而大数据是一类同时具有量大（Volume）、类型多（Variety）、价值发现难度大（Value）、速度快（Velocity）、真实性（Veracity）特点的数据，可看作是数据的一个子集。

从本质属性而言，数据的价值意义高于大数据，具有大数据不具备的属性。数据已成为国家的生产要素，数据是企业的战略资源、重要资产，而大数据无法单独成为一种要素或资产，是一种具有挖掘应用价值的数据资源。

从实践特点而言，数据的处理、应用和管理的复杂程度高于大数据，数据类型多样则处理的方法要求多种并用，数据作为要素时需要自主有序地流动，数据作为资源时要进行全寿命周期管理和有效配置，数据作为资产时要增值变现释放价值；而大数据往往是需要如人工智能等非解析方法和技术来处理，并在具体实践中侧重在大数据挖掘和应用上，不完全具备数据的上述特点。

综上可见，数据在定义范畴、本质属性和实践特点等方面均大于或高于电力大数据。

什么是数据科学？

数据科学是根据原始数据，经过整个数据生命周期过程凭借经验形成可用于实践的知识的一种科学。

数据科学是一门将现实世界映射到数据世界之后，在数据层次上研究现实世界问题，并根据分析结果，进行预测、洞见、解释或决策的新兴科学；是一门以数据，尤其是大数据为研究对象，并以数据统计、机器学习、数据可视化等为理论基础，主要研究数据加工、数据管理、数据计算、数据产品开发等活动的交叉性科学；是一门以实现从数据到信息、从数据到知识、从数据到智慧的转化为主要研究目的，以数据驱动、数据业务化、数据洞见、数据产品研发、数据生态系统建设为主要研究任务的独立学科；是一门以数据时代，尤其是大数据时代面临的新挑战、新机会、新思维和新方法为核心内容的，包括新的理论、方法、模型、技术、平台、工具、应用和最佳实践在内的一整套知识体系。数据科学的特点如图 1-7 所示。

什么是数字化？

数字化指的是把物理系统在计算机系统中仿真虚拟出来，在计算机系统里体现物理世界，利用数字技术驱动组织商业模式创新，驱动商业生态系统重构，驱动企业服务大变革。

电网的数字化是时代的必然产物，它利用先进的信息和网络技术在虚拟世界中对电网进行全数字仿真，人们可以通过它清楚地掌握电力系统的生产和运行全过程。例如，将实体变电站通过数字化技术进行仿真建模，便可以在计算机中对变电站进行虚拟的运维操作，如图 1-8 所示。

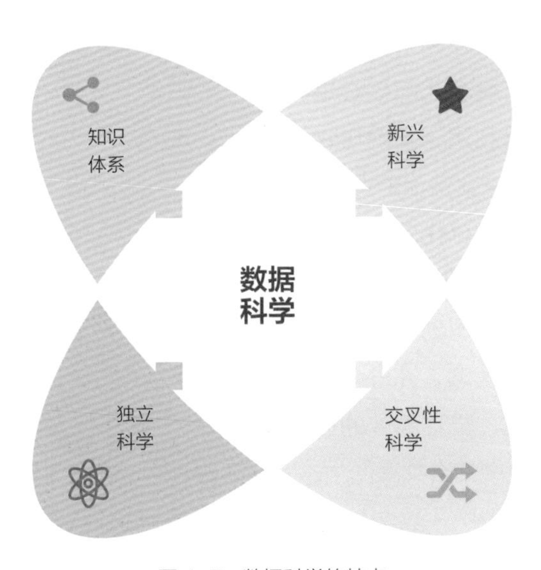

图 1-7　数据科学的特点

图 1-8　变电站数字化示例

（a）传统变电站；（b）数字化变电站

什么是数字化转型？

从国内外企业发展经验看，数字化发展包括三个方面，即信息化、网络化和智能化。信息化的核心是通过数据反映和记录企业运营管理全过程，通过信息系统固化业务流程，实现业务从线下到线上的转变；网络化的核心是通过物联网、移动互联网等技术实现万物互联，通过工业互联网等平台对实体产业赋能，实现产业链网络化协同；智能化的核心是通过人工智能、大数据等技术对海量数据资源进行广泛深度开发利用，实现与物理世界和现实业务的在线闭环，最终向具有自学习、自调节、自主、自治能力的智慧化方向演进。

数字化转型是由信息化向网络化、智能化转变的过程，最终实现智慧化。对企业而言，这不仅意味着技术创新应用，还包括文化理念、管理模式、业务模式、商业模式、治理形态的深刻变革。电网企业的数字化转型是指广泛深入运用先进数字化技术和互联网理念，充分融入数据要素，构建内外协同、融合创新的业务发展模式，科学精益、灵活高效的运营管理模式，敏捷响应、智能互动的多元服务模式，打造共建共享共治共赢的生态发展新格局，实现新的价值创造。

以某省电力公司为例，数字化转型重点是推进基础资源云端化、业务数据化、数据业务化、数据价值化、技术智能化、安全体系化，如图 1-9 所示。

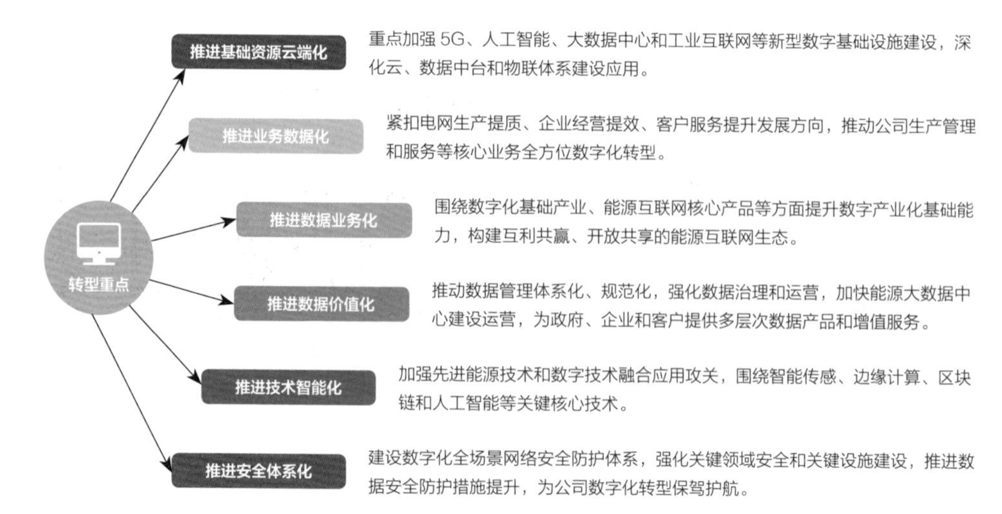

图 1-9　某省电力公司数字化转型重点

数据的分类

数据可以分为以下几类：

（1）按照数据量：GB 级、TB 级、PB 级、EB 级。

（2）按照数据结构化程度：结构化数据、非结构化数据、半结构化数据。

（3）按照数据来源：内部数据、外部数据。

（4）按照数据管理职能：元数据、主数据、参考数据等。

本节将从数据的分类引出在电网企业中常见的数据类别，并结合实例说明不同类别数据的特点。

什么是结构化数据？

结构化数据是一种数据表示形式，按此种形式，由数据元素汇集而成的每个记录的结构是一致的并且可以使用关系模型予以有效描述。

像电力行业中的客户数据、售电量数据、ERP 数据和设备台账信息等可以通过关系型数据库存储的二维表结构的数据，我们称之为结构化数据，如图 1-10 所示。

图 1-10　结构化数据示例

什么是非结构化数据？

非结构化数据是指不存在或难以发现统一结构的数据，即在未定义结构的情况下或并不按照预定义的结构要求捕获、存储、计算和管理的数据。

图片、文本、文档、音视频等未以预定义方式组织，无法在传统关系数据库中直接存储、管理、处理的数据，都属于非结构化数据，如图 1-11 所示。

图 1-11 非结构化数据示例

什么是半结构化数据？

半结构化数据是介于完全结构化数据（如关系型数据库、面向对象数据库中的数据）和完全无结构的数据（如语音、图像文档等）之间的数据。

HTML[①]、XML[②]、JSON[③]这类不符合关系型数据库的数据模型结构，但包含相关标记，用来分隔语义元素以及对记录和字段进行分层的数据都属于半结构化数据，如图 1-12 所示。

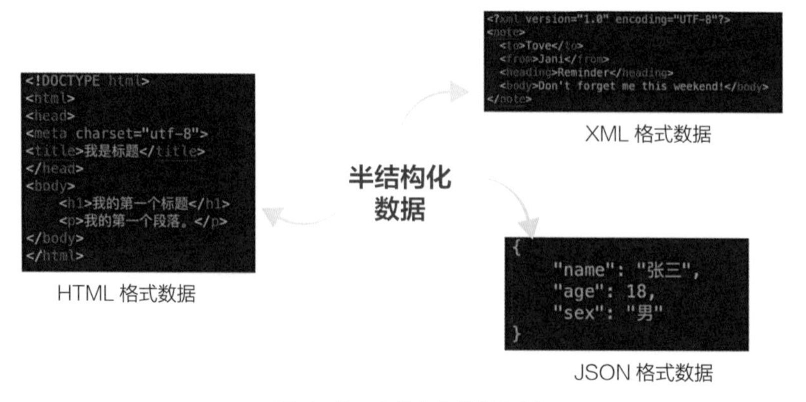

图 1-12 半结构化数据示例

---

① HTML 称为超文本标记语言，是一种标识性的语言。
② XML 是一种用于标记电子文件使其具有结构性的标记语言。
③ JSON 是一种轻量级的数据交换格式。

什么是采集量测数据?

根据电网企业数据特点，将通过采集装置采集的、在短时间以内被创建、处理、存储、分析并显示的数据称为采集量测数据。

电力行业中，如采集终端通过载波 / 微波等方式从智能电表采集上来的数据，称为采集量测数据，如图 1-13 所示。

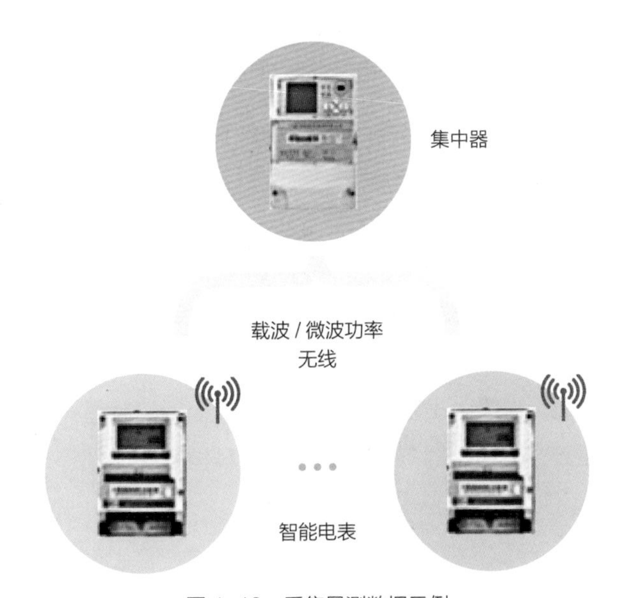

图 1-13　采集量测数据示例

什么是主数据?

主数据是用来描述企业核心业务实体、共享于多个业务流程或业务系统且具有高业务价值的标准数据，具有共享性、稳定性、必要性和及时性，是各业务应用之间进行信息交互的基础。

“企业组织机构、财务科目”这种在企业内部具有稳定、共享和高价值的标准数据称之为“主数据”。从业务角度来说，主数据是关键业务数据，具有相对固定、变化缓慢的特点，主数据是业务共享的基础。电网企业的部分主数据如表 1-1 所示。

表 1-1 电网企业的部分主数据

主数据分类	主数据名称	主数据管理归口部门	主数据维护部门	主数据维护系统	主数据发布系统
组织角色	单位	人资部	人资部	ERP-HR	MDM
	内设机构	人资部	人资部	ERP-HR	MDM
	公司代码	财务部	财务部	MDM	MDM
人员类主数据	组织对象	人资部 / 财务部	人资部 / 财务部	ERP-HR, 财务管控	MDM
	人员	人资部	人资部	ERP-HR	MDM
	岗位	人资部	人资部	ERP-HR	MDM
财务类主数据	会计科目	财务部	财务部	MDM	MDM
	业务活动	财务部	财务部	MDM	MDM
	电压等级	发展部 / 财务部	发展部 / 财务部	MDM	MDM

什么是参考数据?

参考数据是用于将其他数据进行分类或目录整编的数据，规定参考数据值是几个允许值之一。

如图 1-14 所示，当录入员工信息时，员工所属部门就是一个参考数据，部门名称只能在人资部、办公室、财务部、党建部、科技互联网部等几个规定的内设机构中选择。

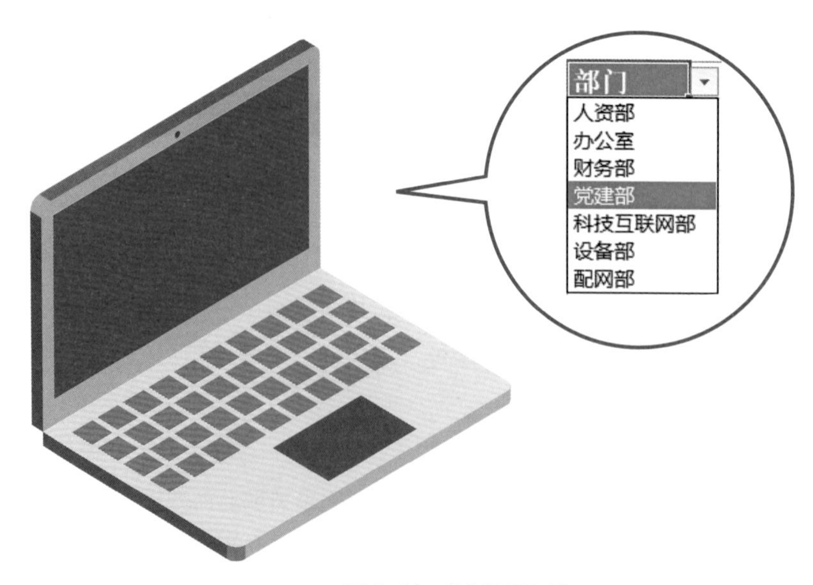

图 1-14 参考数据示例

什么是元数据？

元数据是描述数据的数据，用来帮助人们理解、获取、使用数据。

元数据，也可以理解为定义数据的数据。如图 1-15 所示，将“员工信息表”比作要查找的一本书，可以通过书名、作者、出版社等信息来搜索这本书，也可以根据这张员工信息表的表头来对应了解每条数据。这些书名、作者、出版社是这本书的元数据，而员工编码、姓名、性别是这张员工信息表的元数据。

电网企业中

员工编码	姓名	性别	口令	身份证号	所属部门编码
5910000001	王**	女	******	650203********0001	C100001
5910000002	安*	男	******	650203********0002	C100002
5910000003	马**	男	******	650203********0003	C100003
5910000004	戴**	男	******	650203********0004	C100004
5910000005	何**	男	******	650203********0005	C100005
5910000006	颜**	女	******	650203********0006	C100006

元数据

日常生活中

图 1-15　元数据示例

主数据、参考数据、元数据之间是什么关系？

在电网企业中，数据库关联了多个与业务、生产相关的系统，存放了各系统大量的数据，例如营销系统中的用户缴费信息。

我们将数据库比作一个文件柜，当营销工作人员在数据库中查看用户缴费情况时，就像打开了一个文件柜，从中找出了名为“交易数据统计表”的文件，如图 1-16 所示。

假设营销工作人员打开其中一张用户缴费记录表，主数据是指用户编号、姓名、用户身份证号等企业内部具有稳定、相对固定、变化缓慢的关键数据；参考数据规定了几种用电类别；元数据规定了数据的存储规则，定义各个字段的长度、类型等，如图 1-17 所示。

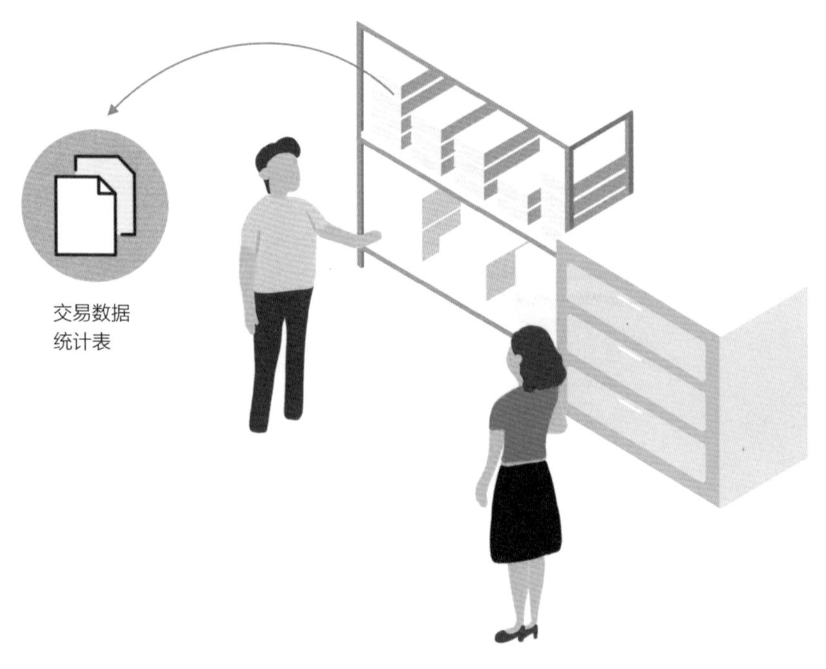

图 1-16　数据库和文件柜的类比

交易数据：用户缴费记录

客户端	8234-00	缴费类型	01-信用卡
缴费地点	北京	缴费金额	126.5
缴费时间	2016-08-12	表号	342112
用电类别	01-居民用电		

元数据：用户缴费表

字段	类型	名称
User_id	Varchar	客户编号
Free_type	Char	缴费类型
Free_num	Number	缴费金额
Free_time	Datetime	缴费时间
……	……	……

主数据：客户

用户编号	用户名称	用户身份证号	家庭住址	手机号码
8234-00	张三	****************	北京西城区	***********

参考数据：用电类别

编号	类别
01	居民用电
02	工业用电
03	农业用电

图 1-17　主数据、参考数据、元数据的关系示例

数据管理的生命周期

数据生命周期是指数据从创建、运行维护到迁移、归档、停用、销毁的生命周期。

数据管理的生命周期是指数据从架构、采集到应用的一系列数据管理过程的生命周期，数据管理的生命周期包含数据的架构、数据的采集、数据的存储、数据质量的治理、数据的安全、数据的共享、数据的应用七个阶段，如图1-18所示。

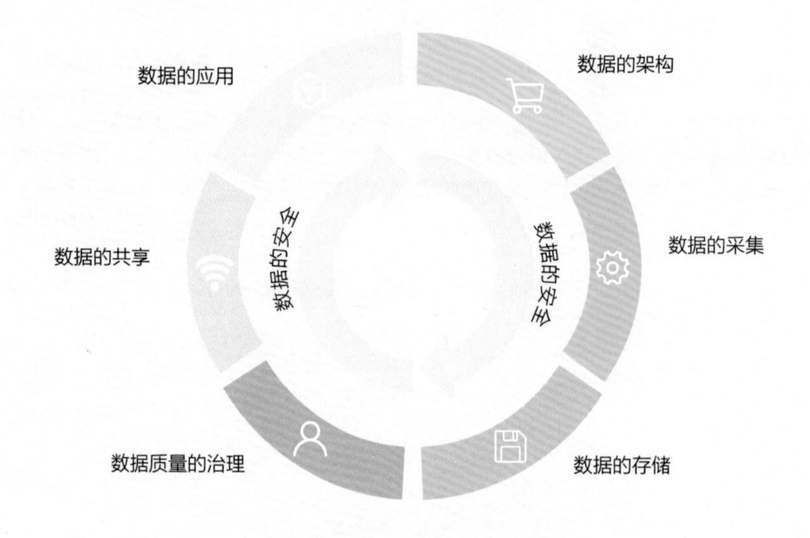

图 1-18　数据管理的生命周期

为便于理解，结合餐厅运转周期的案例介绍数据管理的生命周期。

数据的架构

数据的架构是为了实现企业数据的标准化、一致性、准确性和可靠性，充分挖掘数据价值，有效支撑企业信息数据管理和经营决策分析，实现企业数据统一管理和信息的透明共享而制定的规范。数据的架构围绕数据标准和数据模型，确保对数据进行规范化管理和共享使用。

数据的架构可以类比为餐厅运转周期里餐厅的规范，如图 1-19 所示，餐厅站在长远的角度规范餐厅的目标人群、菜系和菜单标准，餐厅的日常活动都要围绕规范来运转。数据架构也是一样，是站在全局视角，结合企业的愿景、目标和发展战略，确定出企业长期指导体系，确保企业数据环境实现统一性、复用性、易操作性和可扩展性。

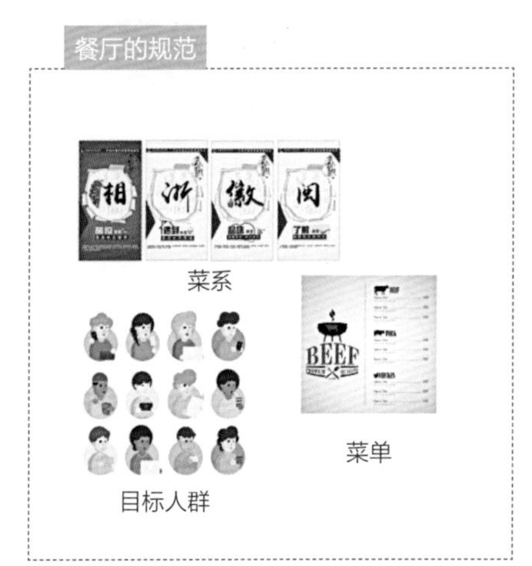

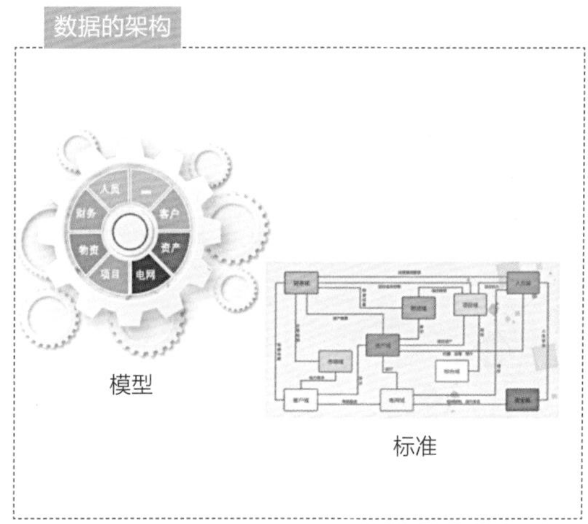

图 1-19　数据的架构和餐厅的规范的类比

数据的采集

数据的采集是为了满足统计、分析、挖掘等数据应用的需要，将散落在各处的数据通过自动采集或人工录入的方式搜集和获取数据的过程。

数据的采集可以类比餐厅运转周期里食材的采购，如图 1-20 所示，通过食材的采购，将餐厅运转周期里需要的食材原料采集过来。数据的采集是将信息系统需要使用的数据通过自动采集和人工录入等方式采集到系统内部，供后续流程使用。

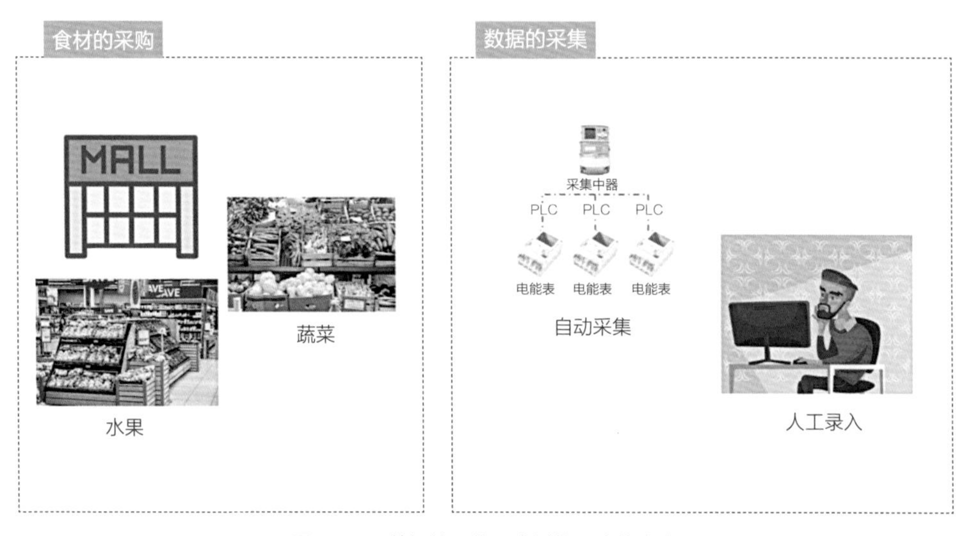

图 1-20　数据的采集和食材的采购的类比

数据的存储

数据的存储是将数据以某种格式记录在计算机内部或外部介质上存储起来，为数据治理、数据共享和数据应用做准备。数据一般存储在数据库中，数据存储一般分为关系型数据存储、键值数据存储、列式数据存储、搜索引擎存储等。

数据的存储可以类比餐厅运转周期里食材的储藏，如图 1-21 所示。餐厅将采集到的食材原料分门别类地储藏到仓库中，供后续加工使用。数据的存储将采集到的数据按照其数据特点，存储到不同的数据库中，供信息系统使用。

图 1-21　数据的存储和食材的储藏的类比

数据质量的治理

数据质量的治理是指对数据生命周期的每个阶段里可能引发的各类数据质量问题，进行识别、度量、监控、预警等一系列管理活动，包括建立模式化的操作规程，原始信息的校验，错误信息的反馈、矫正等一系列的过程。

数据质量的治理可以类比餐厅运转周期里的食材质量管理，如图 1-22 所示，餐厅按一定的时间周期对储藏的食材进行质量检查，将有质量问题的食材剔除，以保证食材的新鲜。数据质量的治理是对数据质量进行管理，根据治理规则筛查出不符合规则的问题数据，反馈给相关部门进行整治，保证数据的质量。

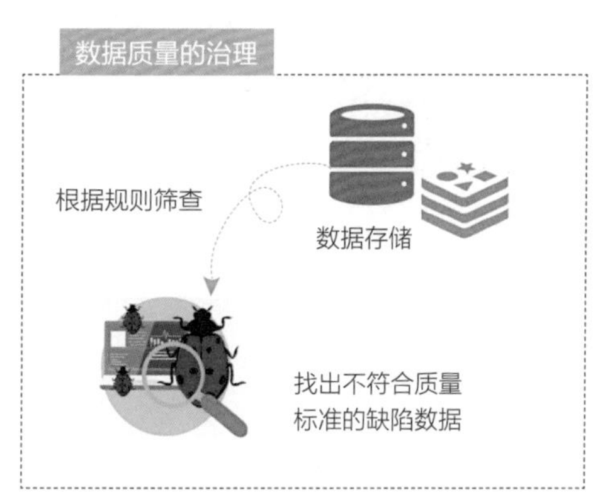

图 1-22　数据质量的治理和食材质量的管理的类比

数据的安全

数据的安全贯穿于数据管理的全生命周期中，在当今大数据技术和互联网飞速发展的时代下，数据的庞大繁杂是我们无法预估的，大数据的汇集不可避免地加大了数据泄露的风险，在电力行业，业务的数据量也呈爆炸式增长。在数据价值被挖掘的同时，数据安全也经受着考验。怎样保证数据有效应用之前的数据安全值得我们思考，有针对性地制定各阶段安全防护策略，确保数据资源安全，例如，安全加密、存储、备份等都可以有效降低防止数据泄露，以免对个人或企业造成严重损失，可以说，保障数据安全，刻不容缓。

可以用餐厅运转周期里菜式配方的保密来做类比，如图 1-23 所示。菜式配方是一家餐厅的敏感数据，各家餐厅都想研究竞争对手的菜式风格，必须保证配方不能泄漏。数据的安全也是一样，数据是企业的核心竞争力，保证数据安全是数据管理活动中的重要任务。

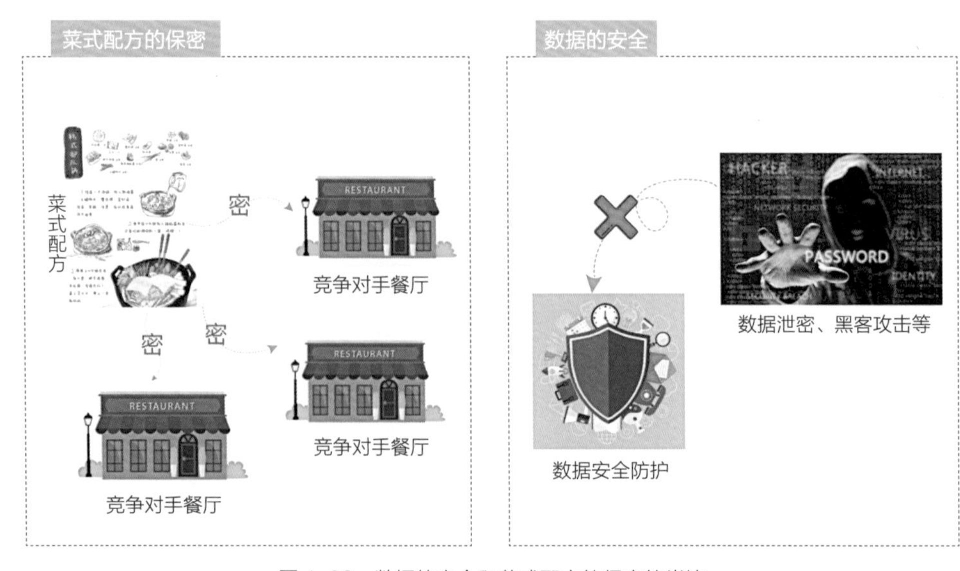

图 1-23　数据的安全和菜式配方的保密的类比

数据的共享

数据的共享就是一次采集或录入，共享共用，提升数据应用价值，为企业各项业务开展提供数据支撑与辅助决策。数据共享应用在电网运行的各个环节，一块电能表的电能量信息会被自动共享至营销、调控、线损等各业务系统中，降低数据获取成本，实现数据价值高效利用。

数据的共享可以类比餐厅运转周期里食材的共享，如图 1-24 所示。食材原料在餐厅厨师之间是共享的，保证食材共享可以最大化提升食材价值，避免铺张浪费。数据的共享提倡一次采集或录入，各信息系统之间通过数据交互贯通，保证数据同享共用，实现数据价值最大化。

图 1-24　数据的共享和食材的共享的类比

数据的应用

随着大数据和数据科学的蓬勃发展、电力数据模型和平台的日趋完善，电力数据的获取和处理等技术得到了明显提升。然而，电力数据相关技术的发展不仅仅是技术性能的更新，发掘海量的电力数据所蕴藏的价值更为关键。数据的应用立足于电力数据价值的深度挖掘，是在电力生产运行、企业经营管理、电力客户服务、电力增值服务等领域的典型应用，是电力数据分析应用的深入开展、提高数据价值的必要手段。

我们可以用餐厅运转周期里食材的应用来做类比，如图 1-25 所示。厨师将食材进行加工烹饪，形成美味的菜肴供客人享用，创造营收。数据的应用是对数据进行挖掘和分析，结合应用领域，发挥数据的价值，实现数据增值变现。

图 1-25　数据的应用和食材的应用的类比

2 数据的架构

随着互联网技术的迅速发展，企业的信息化程度进一步加深。当业务发展达到某一程度时，企业内各个系统之间数据的关联性、统一性和协作性逐渐开始出现问题。数据架构整合企业的数据并标准化，同时指导数据共享和数据应用，帮助企业适应未来发展。

制衣，须先设计；写作，得先构思；建房，要先画蓝图。数据的架构可以协助企业进行数据管理，提升企业内外部的协作能力和企业的整体竞争力，满足企业可持续发展的需要。数据的架构围绕数据标准和数据模型，确保对数据进行规范化管理和共享使用。

本章我们将对数据标准、数据模型等内容进行介绍。

数据架构和数据标准

数据架构是为了实现企业数据的标准化。本节主要介绍什么是数据架构，什么是数据标准，为什么要有数据标准，以及数据标准的分类和要素。

什么是数据架构？

数据架构是通过组织级数据模型定义数据需求，指导对数据的分布控制和整合，部署数据的共享和应用环境，以及元数据管理的规范。

数据架构是一系列规范的整合，用于定义数据需求、指导数据整合、控制数据资产。企业数据架构包括企业数据模型、信息价值链分析和数据交付架构三个方面的主要规范，如图 2-1 所示。

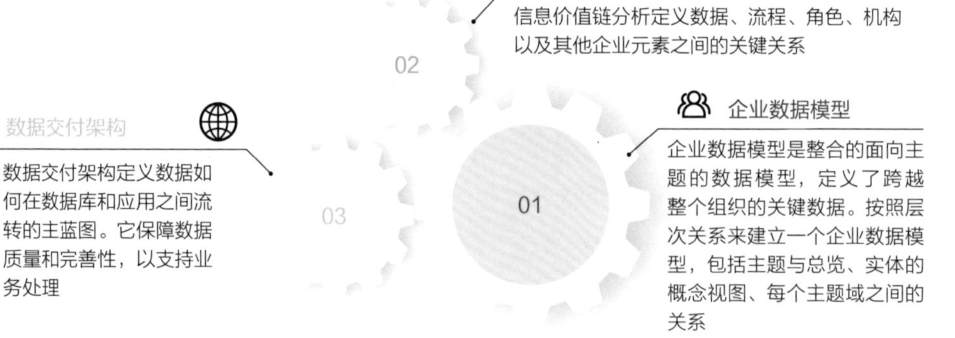

信息价值链分析
信息价值链分析定义数据、流程、角色、机构以及其他企业元素之间的关键关系
02
企业数据模型
企业数据模型是整合的面向主题的数据模型，定义了跨越整个组织的关键数据。按照层次关系来建立一个企业数据模型，包括主题与总览、实体的概念视图、每个主题域之间的关系
01
数据交付架构
数据交付架构定义数据如何在数据库和应用之间流转的主蓝图。它保障数据质量和完善性，以支持业务处理
03

图 2-1　数据架构的组成

什么是数据标准？

数据标准是数据的命名、定义、结构和取值的规则。数据标准是指保障数据的内外部使用和交换的一致性、准确性的规范性约束。

例如某大型电网企业为了实现资产管理多码联动和信息贯通引入“电网资产实物 ID”，这种规定了编码长度、编码构成和唯一性要求的“电网资产实物 ID”就是一种数据标准。

现实生活中，数据标准的案例随处可见，如图 2-2 中身份证的数据标准、邮政编码的数据标准、车牌号的数据标准等。使用统一数据标准可以规范数据的格式、内容，在数据共享和交换时降低沟通成本，消除对数据的理解差异。

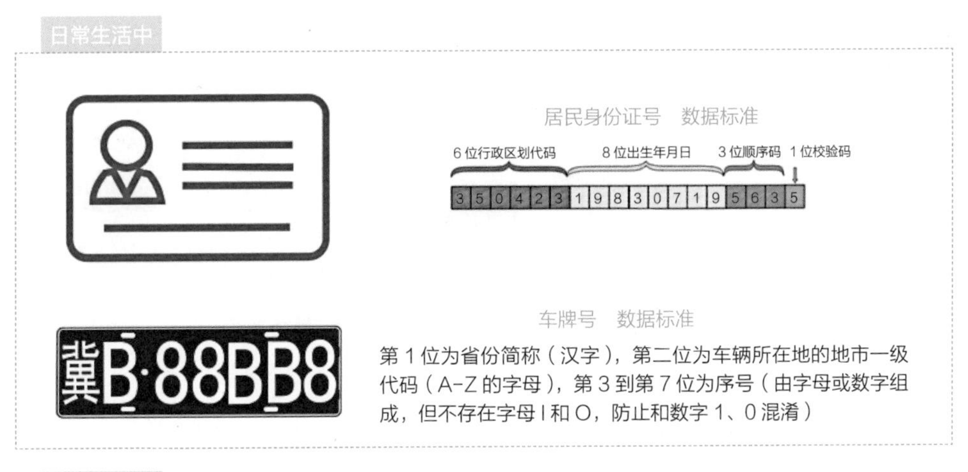

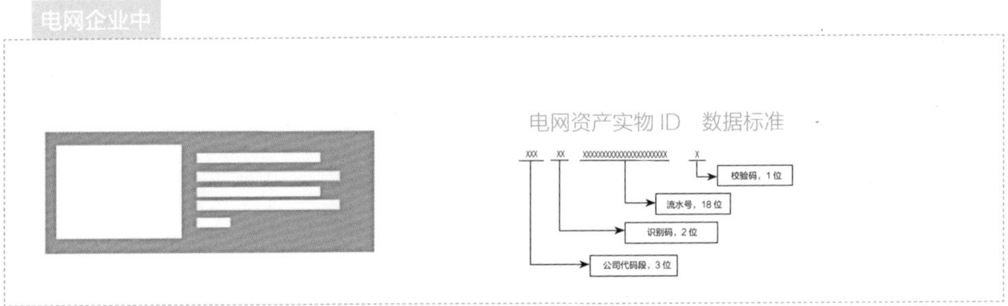

图 2-2　数据标准示例

为什么要有数据标准?

由于各信息系统中同一业务数据的编码、命名规范不统一等问题，导致难以对企业各业务数据开展跨专业、跨系统的关联分析和数据共享。数据标准是为了保障数据的内外部使用和交换时的规范性和一致性，避免产生数据应用偏差。数据标准必要性示例如图 2-3 所示。

没有数据标准时，系统间产生沟通壁垒
ERP 系统中“设备编码”是纯数字组合，长度 17 位。

ERP 系统
我们不一样，营销业务系统中“设备编码”是长度为 12 位的纯数字组合。

我们 ERP 系统是严格按照“资产实物 ID”对配电变压器进行设备编码的。
ERP 系统

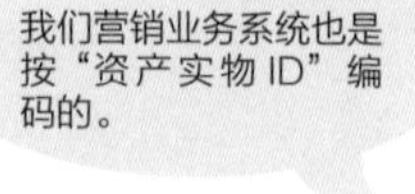

我们营销业务系统也是按“资产实物 ID”编码的。

图 2-3　数据标准必要性示例

数据标准的分类有哪些?

数据标准是保障数据的内外部使用和交换的一致性和准确性的规范性约束，通常可分为基础类数据标准和指标类数据标准。数据标准的分类如图2-4所示。

（1）基础类数据标准：一般包括参考数据和主数据标准，逻辑数据模型标准、物理数据模型标准，元数据标准、公共代码和编码标准。

（2）指标类数据标准：一般包括基础指标标准和计算指标标准。基础指标一般不含维度信息，且具有特定业务和经济含义，计算指标通常由两个以上基础指标计算得出。

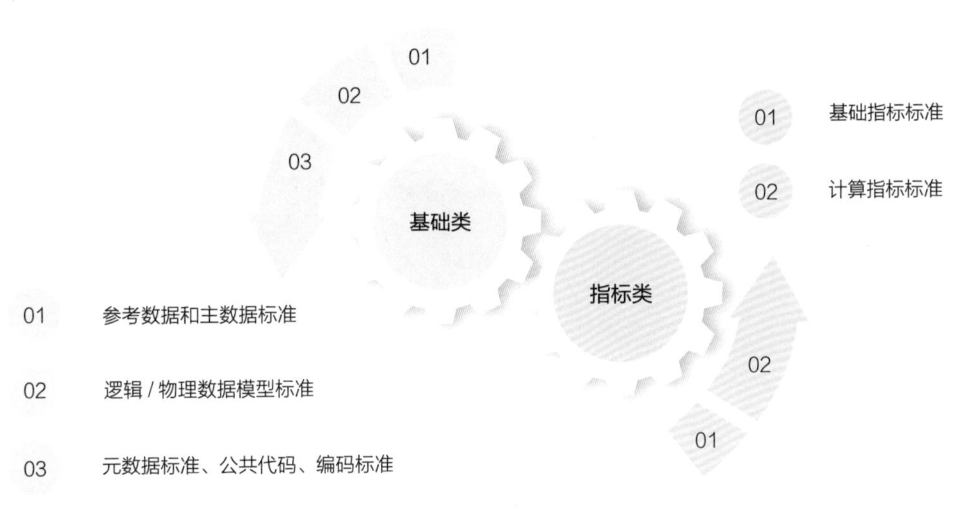

图2-4　数据标准的分类

数据标准有哪些要素？

数据标准包含 3 个要素：标准分类、标准信息项（标准内容）、相关公共代码和编码（如国家标准、行业标准等）。

（1）标准分类：指按照不同的特点或性质区分数据概念。

（2）标准信息项：对标准对象的特点、性质等的描述集合。

（3）相关公共代码和编码：指某一标准所涉及对象属性的编码。

数据标准的要素示例如图 2-5 所示。

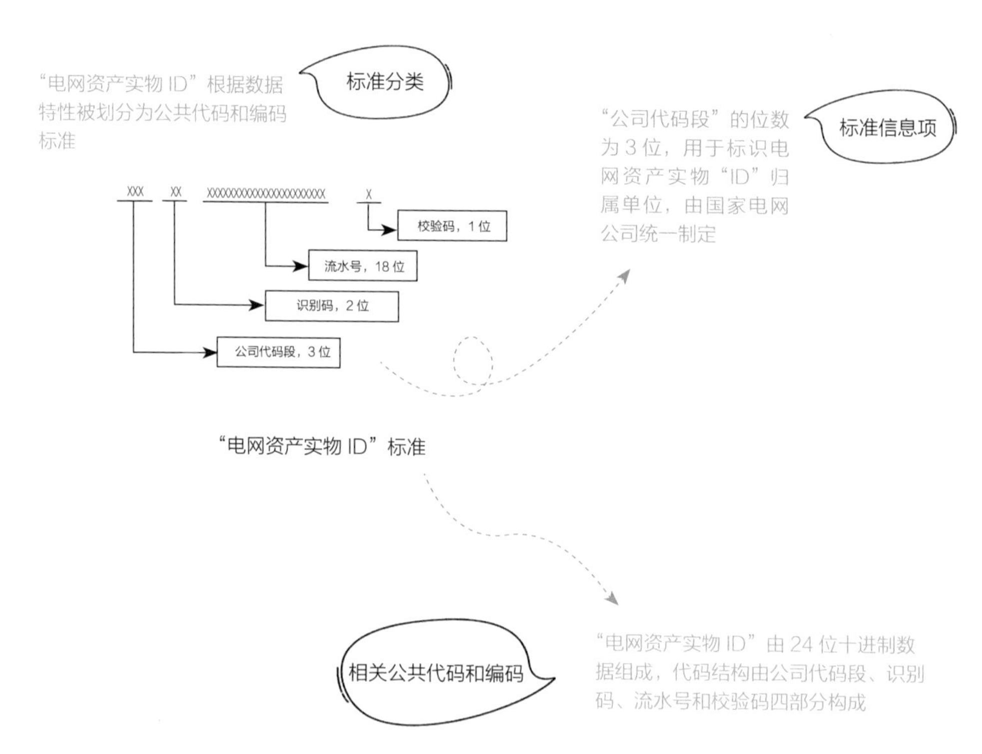

图 2-5　数据标准的要素示例

数据模型概述

数据模型是数据管理的基础，一个完整的、可扩展的、稳定的数据模型对于数据架构的成功起着重要作用。本节主要介绍什么是数据模型、为什么要有数据模型、数据模型的分类、什么是国家电网公司统一信息模型（SG-CIM）、SG-CIM的应用要求。

什么是数据模型?

数据模型是现实世界数据特征的抽象，用于描述一组数据的概念和定义。数据模型从抽象层次上描述了数据的静态特征、动态行为和约束条件。数据模型所描述的内容有三部分：数据结构、数据操作（其中ER[④]图数据模型中无数据操作）和数据约束，形成数据结构的基本蓝图，也是企业数据资产的战略地图。

数据模型对于信息系统数据库建设的意义类似于建筑设计图纸对于房屋建筑施工的意义，如图2-6所示。数据模型定义了信息系统底层数据的存储结构，包括存储对象（业务对象）的描述、对象之间的关系、业务流程等内容。

④ ER图也称实体－联系图（Entity Relationship Diagram），提供了表示实体类型、属性和联系的方法，用来描述现实世界的概念模型。

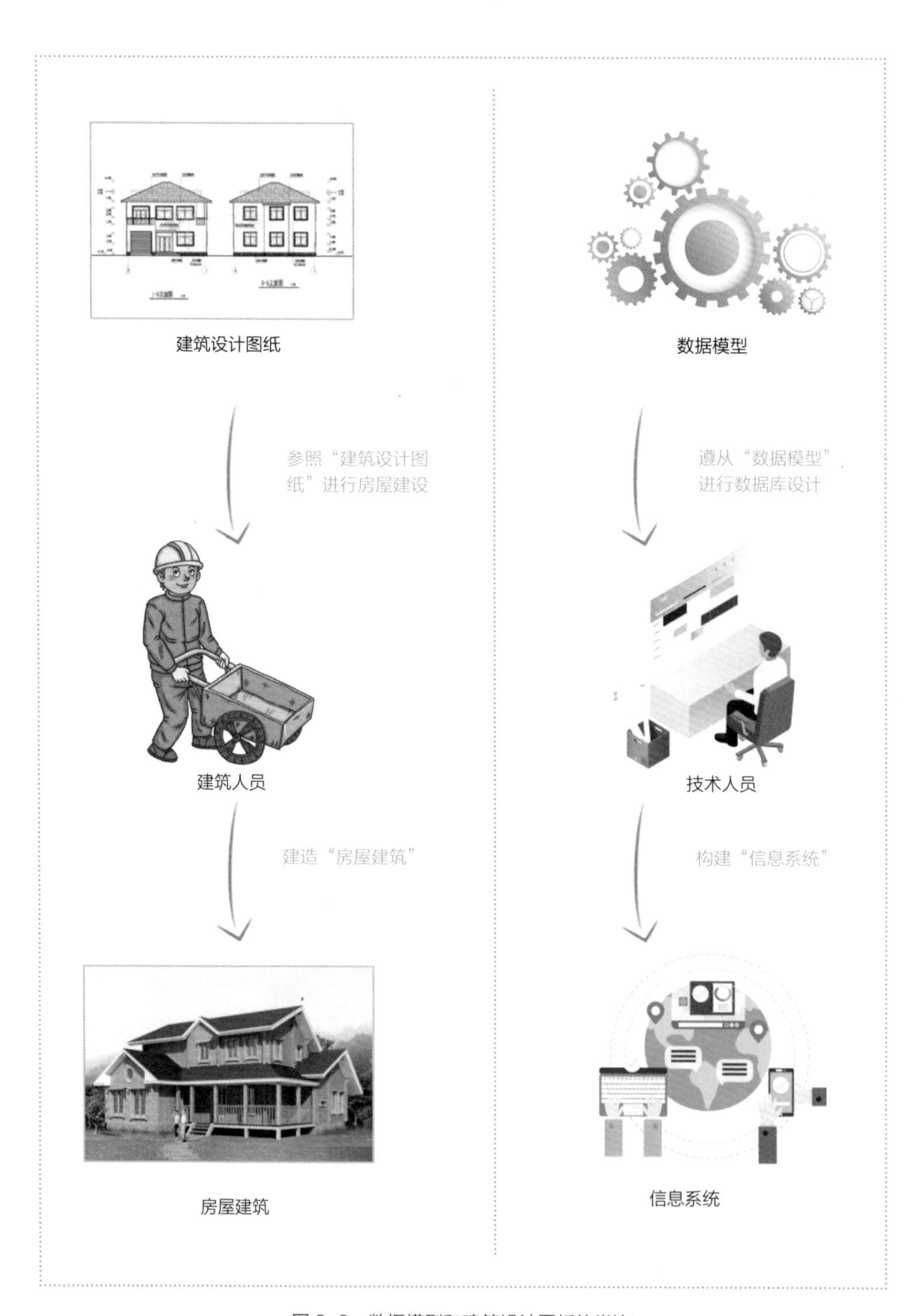

图 2-6　数据模型和建筑设计图纸的类比

为什么要有数据模型?

企业中经常会出现以下问题:

(1)不同技术背景和业务经验的各类人员在讨论数据需求时缺少一种有效的沟通工具，在讨论中经常因为对各种符号理解不一致，导致沟通效率低下，不同观点之间很难协调，难以达成共识。

(2)当系统出现故障或发现数据问题时，没有可以观察系统的整体视角，技术人员对当前数据库内的状况全然不知，导致系统问题排查困难，数据问题无从下手。

(3)不同部门对业务规则的理解不一致，数据库中同名不同义，同义不同名现象随处可见，极大地影响了数据的识别和应用。

数据模型可以帮助不同人员描述与沟通数据需求；数据模型可以增加数据的精确性与易用性；数据模型可以降低系统维护成本、提升资产可重用性。

缺乏数据模型指导，会造成沟通障碍、观念难以协调、无法达成共识，导致最终成果不符合预期。通过数据模型的指导，可以帮助和描述需求，降低沟通成本，并统一遵从“数据模型”指导实施，完成预期目标。数据模型的必要性示例如图 2-7 所示。

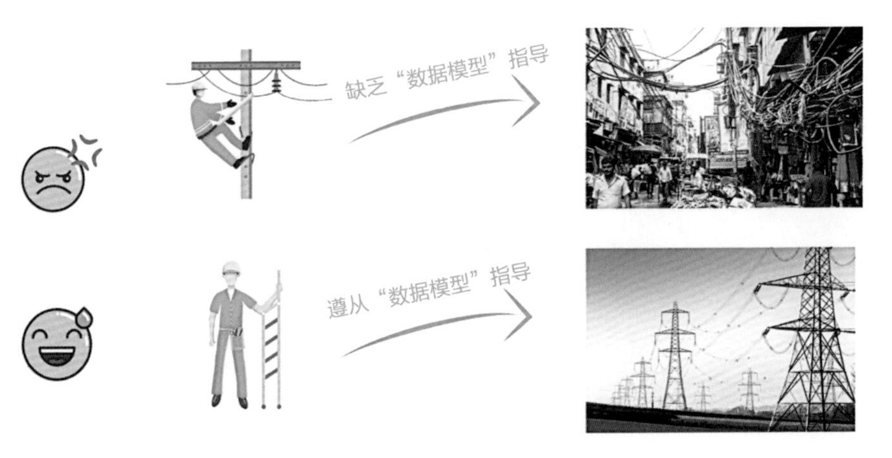

图 2-7　数据模型的必要性示例

数据模型有哪些类型?

数据模型按不同的应用层次分成主题域模型、概念数据模型、逻辑数据模型和物理数据模型类型，如图 2-8 所示。

（1）主题域模型：定义了跨越整个组织的关键数据。按照层次关系来建立一个企业数据模型，包括主题与总览、实体的概念视图、每个主题域之间的关系，如国家电网公司的主题域模型。

（2）概念数据模型：主要用来描述世界的概念化结构，是一个高层次的数据模型，定义了重要的业务概念和彼此的关系，由核心的数据实体或其集合，以及实体间的关系组成，如 1 个客户购买 n 件商品。

（3）逻辑数据模型：对概念数据模型进一步的分解和细化，描述实体、属性以及实体关系，反映的是系统分析设计人员对数据存储的观点，主要解决细节的业务问题，如细化客户信息，分解出姓名、电话、地址等信息，细化商品信息，分解出商品名称和单价。

（4）物理数据模型：是逻辑模型在计算机系统进行物化实现的过程，描述数据是如何在计算机中存储的，如何表达记录结构、记录顺序和访问路径等信息。

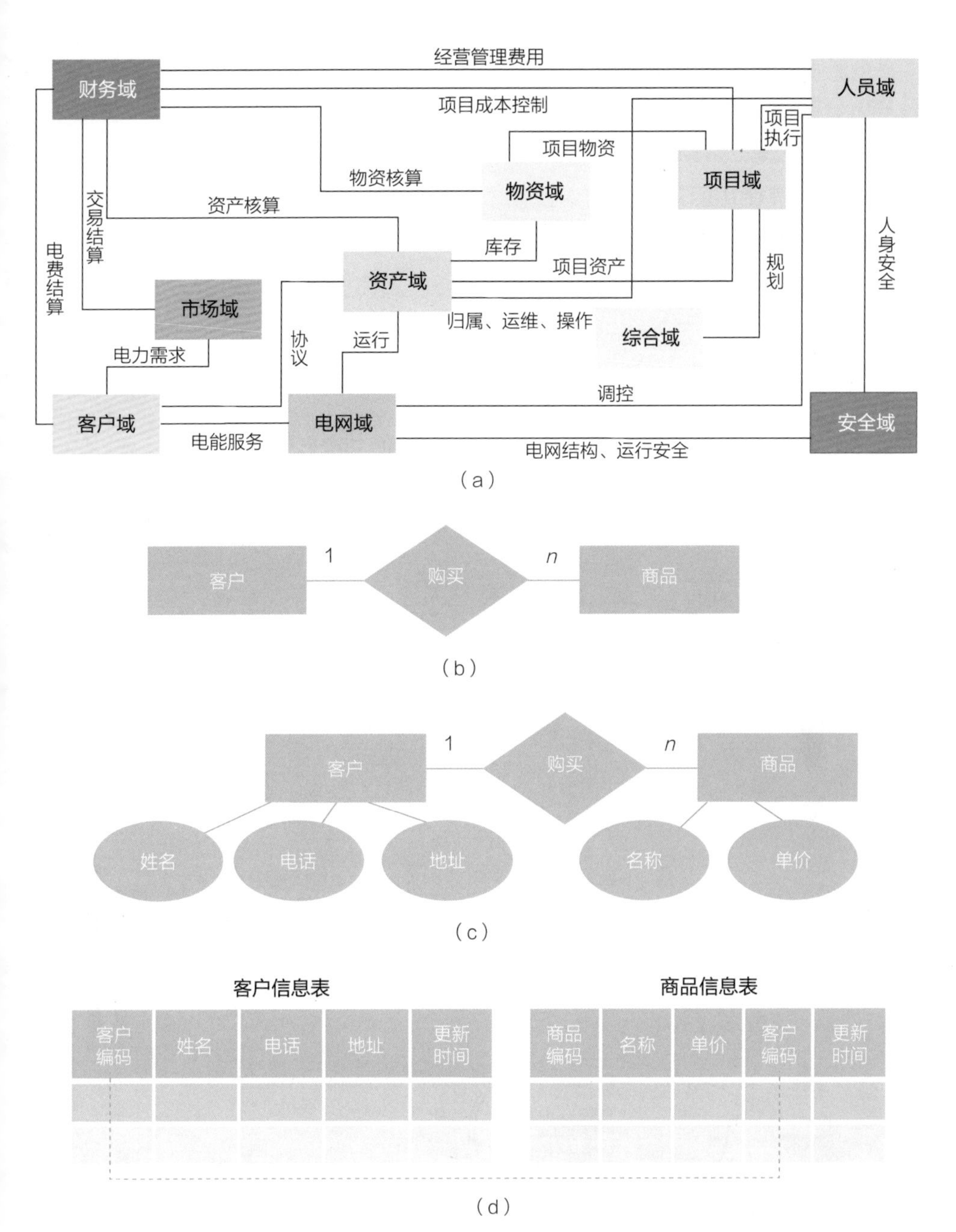

图 2-8　数据模型示例

（a）主题域模型；（b）概念数据模型；（c）逻辑数据模型；（d）物理数据模型

什么是国家电网公司统一信息模型（SG-CIM）?

国家电网公司统一信息模型（SG-CIM）是在国际标准 IEC61968/IEC61970 公共信息模型（CIM）的基础上，按照国家电网公司实际业务对 CIM 的扩展和重新组织，而形成的数据模型。

SG-CIM 使用面向对象的建模技术定义、统一建模语言进行表达，目标是对公司全业务范围内的业务对象进行抽象从而以信息模型的形式进行描述。SG-CIM 面向国家电网公司企业业务领域，划分了人员、财务、物资、项目、电网、资产、客户、市场、安全、综合共 10 个业务主题域。

SG-CIM 可以理解为企业内部需要共同遵从的规约集合，它的主题域划分是为了使模型更易于设计、理解与查看，直接面向国家电网公司业务领域，与职能部门的业务分工无关。SG-CIM 示例如图 2-9 所示。

图 2-9　SG-CIM 示例

为什么要建设 SG-CIM？

SG-CIM 是国家电网公司数字化转型的重要基础性工作，是按照“企业级”原则打造业务中台和数据中台的关键，它的全面落地应用，有助于从源头推动业务协同和数据共享，实现“共建、共享、共用”的总体目标。

由于历史原因，电力企业各专业信息系统分开建设，数据模型分散、不统一，导致跨专业业务协同和数据共享困难，SG-CIM 的主要作用就是从模型层面解决这一问题。SG-CIM 的必要性示例如图 2-10 所示。

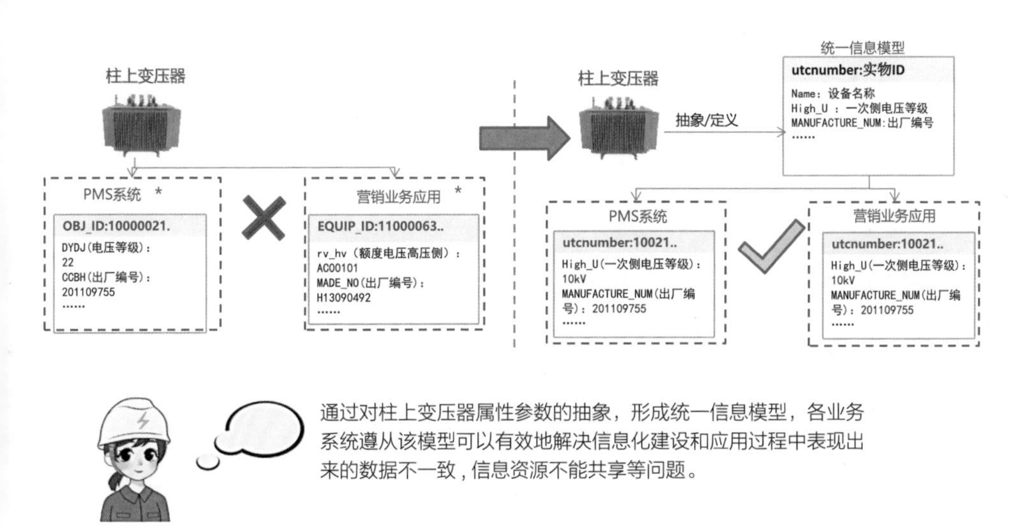

图 2-10　SG-CIM 的必要性示例

SG-CIM 的应用要求有哪些？

（1）国家电网公司各类型新增信息系统建设项目，无论出资渠道如何，均应遵从 SG-CIM 开展系统设计开发和建设实施工作，不符合要求的不予立项或开工建设。

（2）存量信息系统应结合大版本升级，按照 SG-CIM 逐步开展优化改造。

（3）数据中台共享层数据接入与整合存储应遵循 SG-CIM，数据分析、决策类应用建设均应基于整合转换后的共享层数据进行构建。

3 数据的采集和存储

数据是企业的基石，随着信息化的不断深入，企业需要将散落在各处的数据采集到系统中存储起来，以便对数据进行挖掘应用，数据的采集和存储是企业数据应用的前提。

互联网的数据主要来自于互联网用户和服务器等网络设备，主要是大量的文本数据、社交数据以及多媒体数据等，电力行业的数据主要来源于各终端设备的数据（智能电表等）以及人工录入的数据。将采集到的数据按照其特点分门别类地存储到不同种类的数据库中，便于数据的挖掘应用。

本章主要介绍数据采集和数据存储的相关内容。

数据采集概述

数据不会在信息系统中凭空产生，信息系统需要通过各种采集手段将数据搜集到信息系统中。本节主要介绍什么是数据采集，数据采集有哪些方式。

什么是数据采集？

数据采集是为了满足统计、分析、挖掘等数据应用的需要，将散落在各处的数据通过各种采集方式搜集和获取数据的过程。

数据的采集可以类比为快递揽件，如图 3-1 所示，快递员去用户家中揽件到快递公司的过程，就是采集；电力行业中，通过采集终端将各家各户的电能表数据采集到系统的过程，可以称为数据的自动采集。

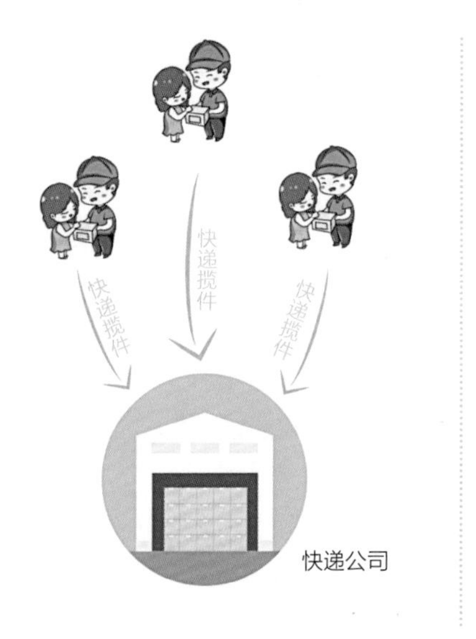

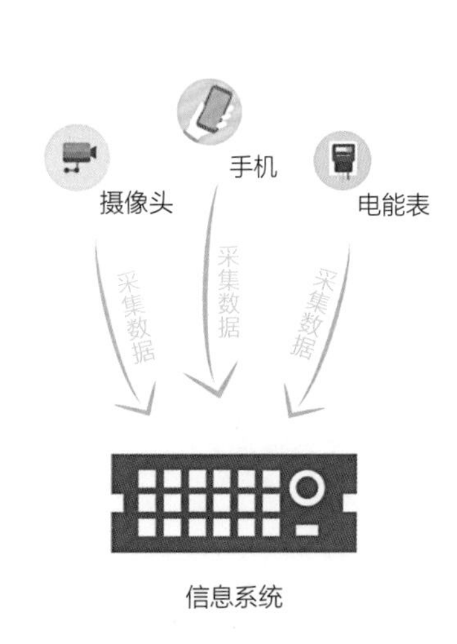

图 3-1　数据采集和快递揽件的类比

数据采集有哪些方式?

数据采集一般分为自动采集和人工录入。自动采集是通过采集终端获取源端数据，人工录入是利用信息系统手工录入来获得数据，如图 3-2 所示。

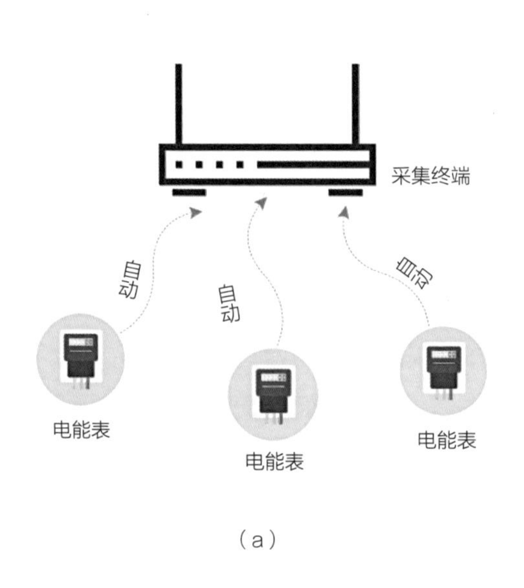

（a）

（b）

图 3-2　数据采集的方式示例
（a）自动采集；（b）人工录入

数据存储概述

本节介绍常用的数据库：关系型数据库、键值数据库、文档数据库、列式数据库和图数据库。

什么是数据存储?

数据存储是将采集获取和加工的数据以某种格式记录在计算机内部或外部存储媒介上。

数据的存储可以类比为快递的仓储，如图 3-3 所示。快递被揽件到快递公司后，需要分门别类地存放到仓库中，以备后续派件使用。数据的存储将采集到的数据按照其数据特点存储到数据库中，以供信息系统使用。

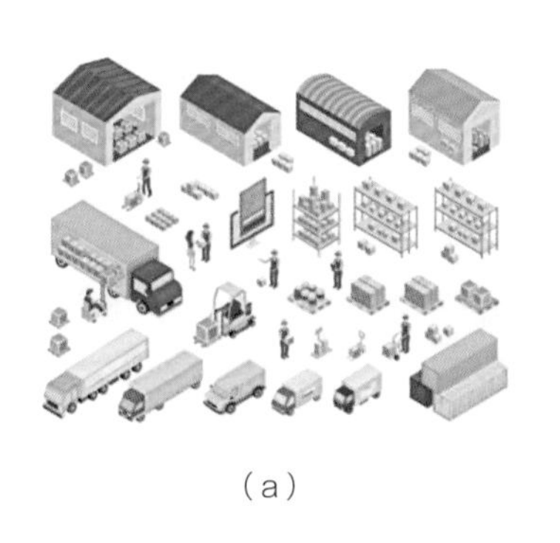

（a）

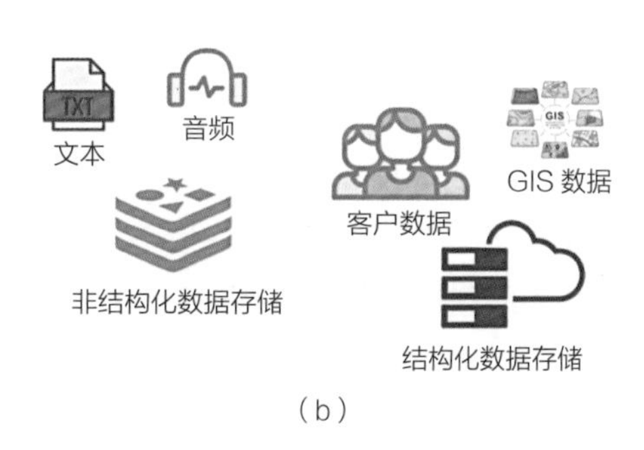

（b）

图 3-3　数据存储和快递仓储的类比

（a）快递仓储；（b）数据存储

数据存储的介质有哪些?

数据的存储介质的范围非常的广，小到计算机系统中的几百 kB 的 ROM 芯片，大到上百 TB 的磁盘阵列系统都可以用来保存数据，又都可以称为存储，可以说存储无处不在、无处不有。存储介质一般分为磁性介质、光学介质和半导体介质。磁性介质常见的有软盘、硬盘等，光学介质常见的有光盘等，半导体介质常见的有U盘等，如图3-4所示。

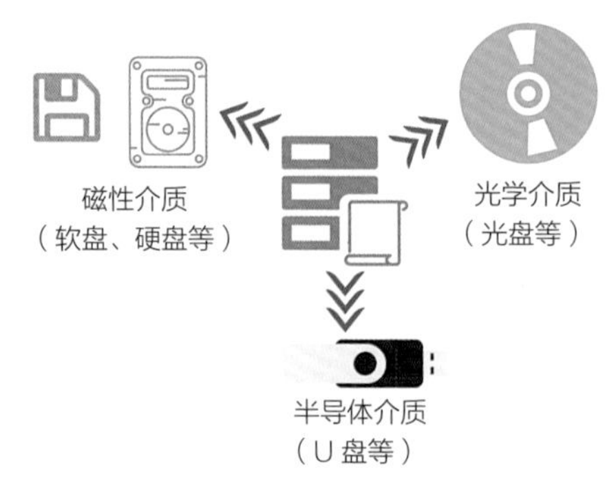

图 3-4　数据存储的介质

数据存储的方式有哪些?

企业中数据存储的方式一般分为以下几种。

（1）直连式存储（简称 DAS）。DAS 是最常见的一种存储方式，尤其是在中小企业应用中。DAS 是指存储设备直接连接到服务器总线上，存储设备只与一台独立的主机连接，其他主机不能使用这个存储设备。DAS 虽然比较古老，但还是很适用于那些数据量不大，对磁盘访问速度要求较高的中小企业。

（2）网络接入存储（简称 NAS）。NAS 也通常被称为附加存储，顾名思义，就是存储设备通过标准的网络拓扑结构（例如以太网）添加到一群计算机上。NAS 是文件级的存储方法，它的重点在于帮助工作组和部门级机构解决迅速增加存储容量的需求。NAS 多适用于文件服务器，用来存储非结构化数据，虽然受限于以太网的速度，但是部署灵活，成本低。

（3）存储区域网络（简称 SAN）。SAN 是通过光纤通道交换机连接存储阵列和服务器主机，最后成为一个专用的存储网络。SAN 则适用于大型应用或数据库系统，缺点是成本高、较为复杂。

数据库概述

通常情况下，数据一般存储在数据库中。数据库的作用是保存并灵活运用数据。除此之外还可以从保存的数据中找出与所指定条件相符的数据。

什么是数据库？

数据库是长期存储在计算机内，有组织的、可共享的大量数据的集合。数据库中的数据按一定的数据模型组织、描述和存储，具有较小的冗余度、较高的数据独立性和易扩展性，并可为各种用户共享。

可以将数据库类比为文件柜，如图 3-5 所示，它们都是提供存储的功能，数据库实际上就是一个文件集合，是一个存储数据的仓库，本质就是一个文件系统。数据库是按照特定的格式把数据存储起来，用户可以对存储的数据进行增删改查操作。如人资系统中需要存储员工信息，我们就需要将相关数据存储到人资系统数据库中。

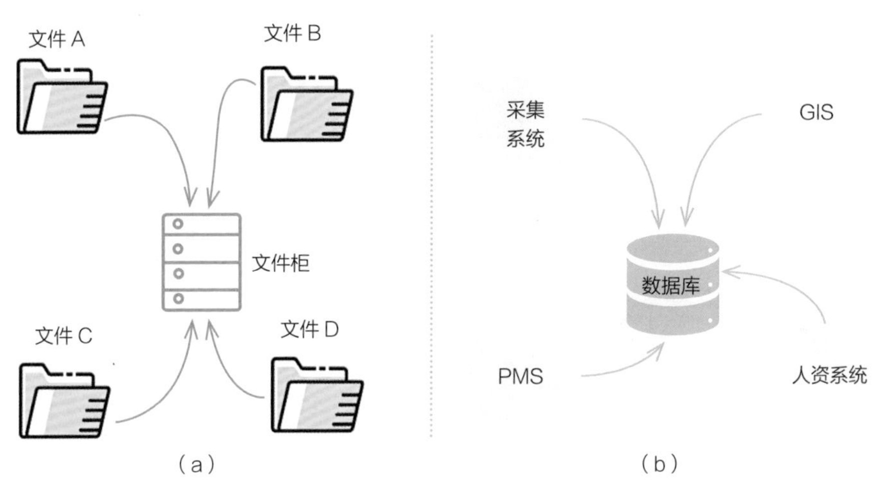

图 3-5　数据库和文件柜的类比

（a）日常生活中；（b）电网企业中

常用的数据库有哪些？

常用的数据库有关系型数据库、键值数据库、文档型数据库、列式数据库和图形数据库。

（1）**关系型数据库。**

关系型数据库是指采用了关系模型来组织数据的数据库，其以行和列的形式存储数据，以便于用户理解，关系型数据库这一系列的行和列被称为表，一组表组成了数据库。关系型数据库一般存储结构化数据。关系型数据库一般采用 SQL[⑤] 语言来保存和查询数据。

关系模型可以简单理解为二维表格模型，而一个关系型数据库就是由二维表及其之间的关系组成的一个数据组织，如图 3-6 所示。

关系型数据库的应用场景最为广泛，常用的信息系统都是基于关系型数据库构建的，例如人资系统、营销系统等。

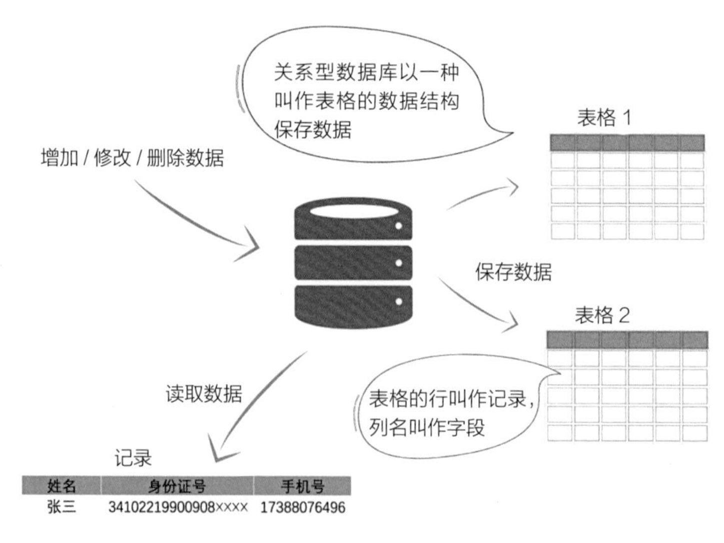

图 3-6　关系型数据库示例

⑤ 结构化查询语言（Structured Query Language，简称 SQL），是一种特殊目的的编程语言，是一种数据库查询和程序设计语言，用于存取数据以及查询、更新和管理关系数据库系统。

(2) **键值数据库。**

键值数据库是一张简单的哈希表，主要用在所有数据库访问均通过主键来操作的情况下。应用程序可以提供键和值，并将这一键值对持久化。假如键已存在，就用新值覆盖当前值，否则就新建一条数据。

键值数据库对于海量数据存储系统来说，特点是数据模型简单、查询速度快、具有极高的并发读写性能，如图 3-7 所示。

键值型数据库常用于缓存场景，如 App 首页的布局存储、热点数据存储等。

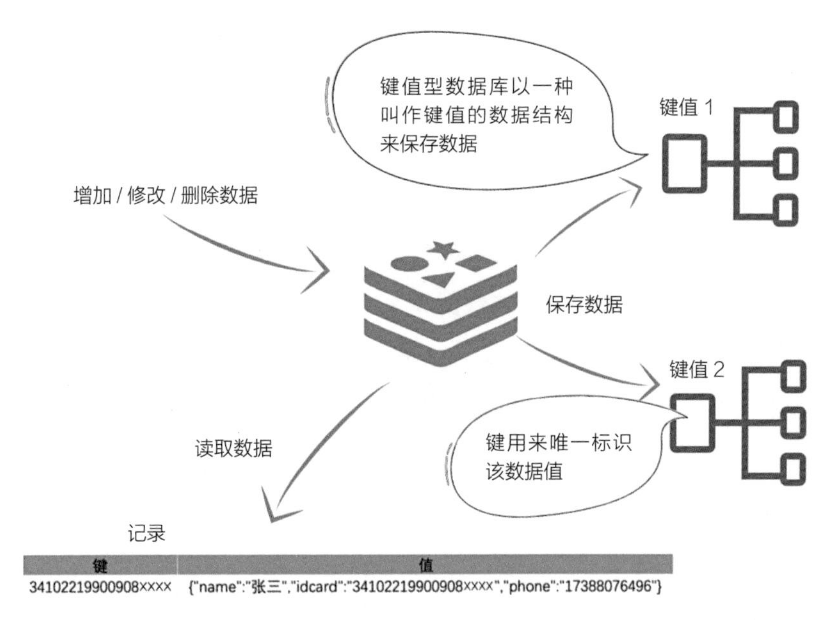

图 3-7　键值数据库示例

(3) **文档型数据库。**

文档型数据库是指面向文档的数据库，用于储存、检索和管理面向文档的信息（也称为“半结构化数据”）。文档型数据库和键值型数据库一样，都属于非关系型数据库的一种。

文档型数据库能以 XML 和 JSON 这些结构化文档的形式保存数据，如图 3-8 所示。

文档型数据库常用于存储结构化的文档，例如爬虫爬到的网站结构化数据、系统之间传输的结构化报文等。

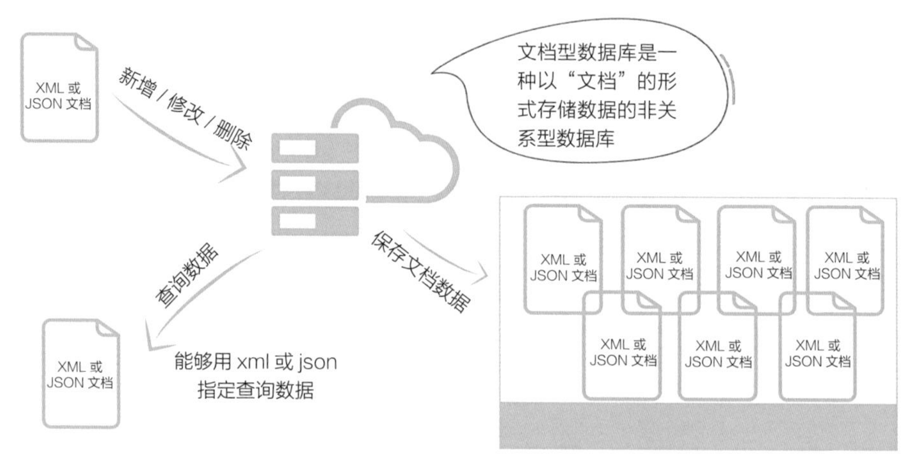

图 3-8　文档型数据库示例

（4）**列式数据库。**

列式数据库是以列相关存储架构进行数据存储的数据库，主要适合于批量数据处理和即时查询。相对应的是行式数据库，数据以行相关的存储体系架构进行空间分配，主要适合于大批量的数据处理，常用于联机事务型数据处理。

列式存储是相对于传统关系型数据库的行式存储来说的，如图 3-9 所示。

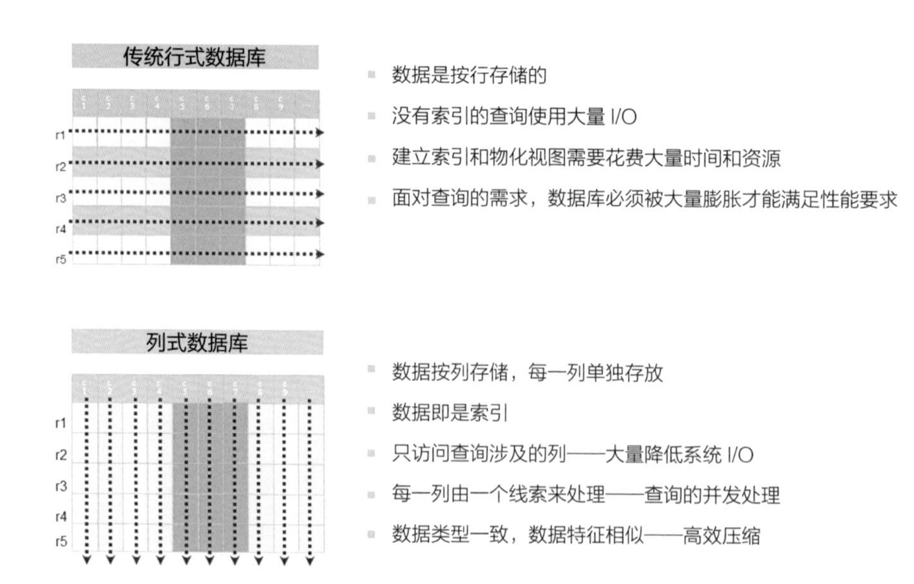

图 3-9　传统行式数据库和列式数据库的对比

列式数据库常用于数据挖掘和数据分析场景，将海量的数据存储到列式数据库中，可以方便数据挖掘计算。

（5）图形数据库。

图形数据库根据应用图形理论存储实体之间的关系信息。图形数据库是一种非关系型数据库。

在一个图形数据库中，最主要的组成有两种，结点集和连接结点的关系。结点集就是图中一系列结点的集合，比较接近于关系数据库中所最常使用的表，而关系则是图形数据库所特有的组成。

在关系型数据库中如果两个实体之间拥有多种关系，那么我们就需要在它们之间创建多个关联表。而在一个图形数据库中，我们只需要标明两者之间存在着不同的关系即可，如图 3-10 所示。

图形数据库常用于社交网络、数据血缘分析、推荐系统、反欺诈系统等领域。

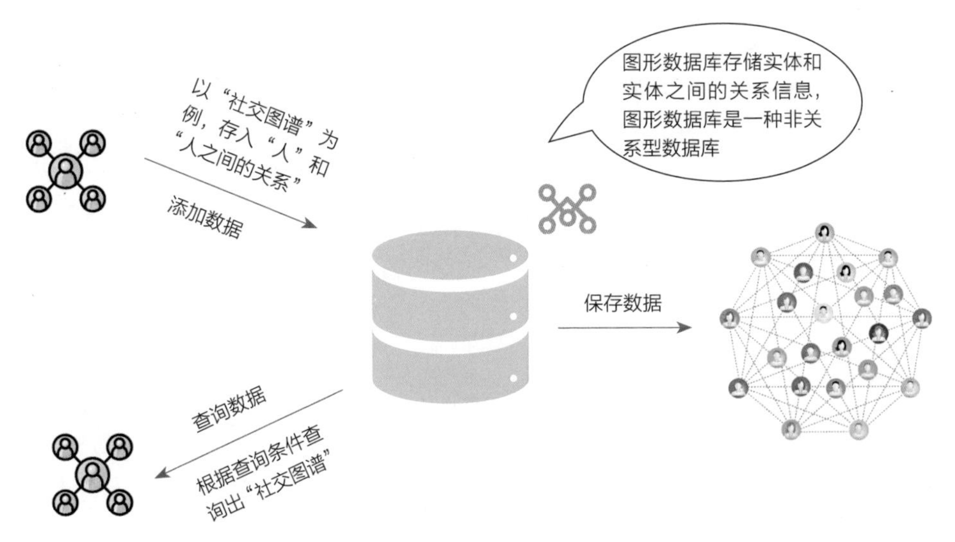

图 3-10　图形数据库示例

4 数据质量治理

长久以来，大多数信息系统都是在业务需求的基础上建立的，由于数据质量在数据产生和使用过程中并未得到足够重视，导致数据的可靠性很难得到保证。数据质量治理是针对数据质量问题进行识别、度量、监控、预警并进行矫正，保证数据的质量符合预期。

对于电网企业来说，经过多年的信息化建设，已积累了大量的电力数据，开展数据质量治理可提升数据存储的完整规范、数据传输的准确高效，确保数据状态可感知、数据使用可追溯、数据责任有落实，促进数据质量持续提升。

本章介绍数据质量、数据质量治理相关内容。

数据质量

数据质量是保证数据应用的基础，主要体现为数据是否缺失、数据是否按照要求的规则存储、数据的值是否存在信息含义上的冲突、数据是否错误、数据是否是重复的、数据是否按照时间的要求进行上传等等。对于数据质量的管理是一个持续的过程，始终围绕业务部门的实际作业情况，解决业务部门作业过程中由于数据质量问题导致的工作难点、痛点。

什么是数据质量?

数据质量是在指定条件下使用时，数据的特性满足明确的和隐含的需求的程度。

数据质量是保证数据应用效果的基础，是描述数据价值含量的指标。数据质量高能满足实际业务需求，而数据质量低下将会导致不正确的信息和不良的业务导向，如图 4-1 所示。

小明，请将这 10 台电脑的详细台账录入系统。

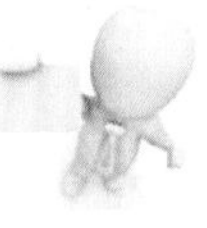

录入完成，型号、厂商……，只有采购年限不清楚，我就
都填成同一个时间了。

不可以，必须核实清楚，我要根据使用年限做下一阶
段的采购计划和预算!

图 4-1　数据质量示例

数据质量有哪些要求？

评价数据质量的维度一般包含完整性、规范性、准确性、唯一性、一致性、时效性等。

（1）完整性：按照数据规则要求，数据元素被赋予数值的程度。

（2）规范性：数据符合数据标准、数据模型、业务规则、元数据或权威参考数据的程度。

（3）准确性：数据准确表示其所描述的真实实体（实际对象）真实值的程度。

（4）唯一性：主要体现在一个数据集中没有实体多于一次出现。

（5）一致性：数据与其他特定上下文中使用数据的一致程度。

（6）时效性：数据在时间变化中的正确程度。

例如在人力资源管理方面，人力资源系统中的员工信息可以根据以上 6 个维度评价其数据是否满足质量需求，如图 4-2 所示。

时效性
员工信息中，一名员工显示在职工作，实际上他已经退休 3 个月，说明员工信息失去了时效性
完整性
人力资源系统中有 100 名员工信息，其中 50 名员工没有记录联系电话，说明员工信息存在完整性问题
一致性
人力资源系统中员工性别为“女”，但即时通信工具中该员工性别为“男”，说明员工信息存在一致性问题
规范性
员工信息中，身份证号码必须是 18 位，人员 ERP 编号必须是 8 位，手机号码必须是 11 位
唯一性
员工信息中，一名员工有且仅有一份详细的人员档案，否则将存在唯一性问题
准确性
员工信息中，某员工出生年月为 1995 年 6 月，但录入系统时将其填为 1992 年 3 月，说明员工信息存在准确性问题

图 4-2　评价数据质量的维度

什么是数据质量的分析？

数据质量分析是对数据质量检查过程中发现的数据质量问题及相关信息进行分析，找出影响数据质量的原因，并定义数据质量问题的优先级，作为数据质量提升的参考依据。

数据质量分析的过程为：

（1）数据质量分析方法和要求：整理组织数据质量分析的常用方法，明确数据质量分析的要求。

（2）数据质量问题分析：深入分析数据质量问题产生的根本原因，为数据质量提升提供参考。

（3）数据质量问题影响分析：根据数据质量问题的描述以及数据价值链的分析，评估数据质量对于组织业务开发、应用系统运行等方面的影响，形成数据质量问题影响分析报告。

（4）数据质量分析报告：包括对数据质量检查、分析等过程累积的各种信息进行汇总、梳理、统计和分析。

（5）建立数据质量知识库：收集各类数据质量案例、经验和知识，形成组织的数据质量知识库。

数据质量的分析过程如图 4-3 所示。

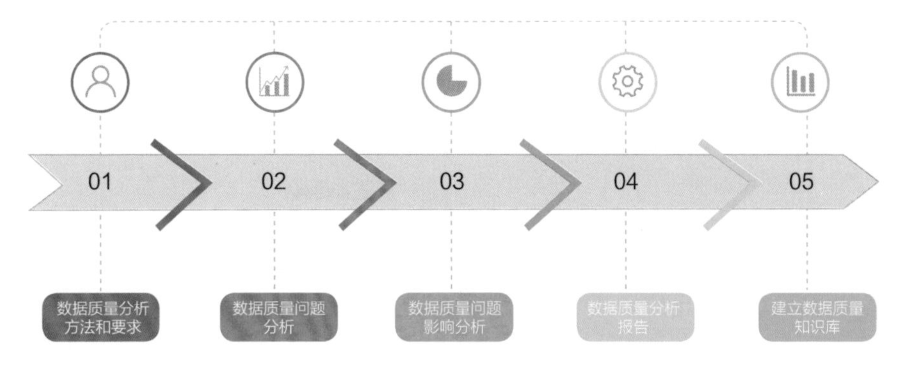

图 4-3　数据质量的分析过程

产生数据质量问题的常见原因有哪些？

产生数据质量问题的常见原因有：数据标准执行不到位、人员责任履行不到位、源端数据校验功能缺失、数据监管及稽核不到位，如图 4-4 所示。

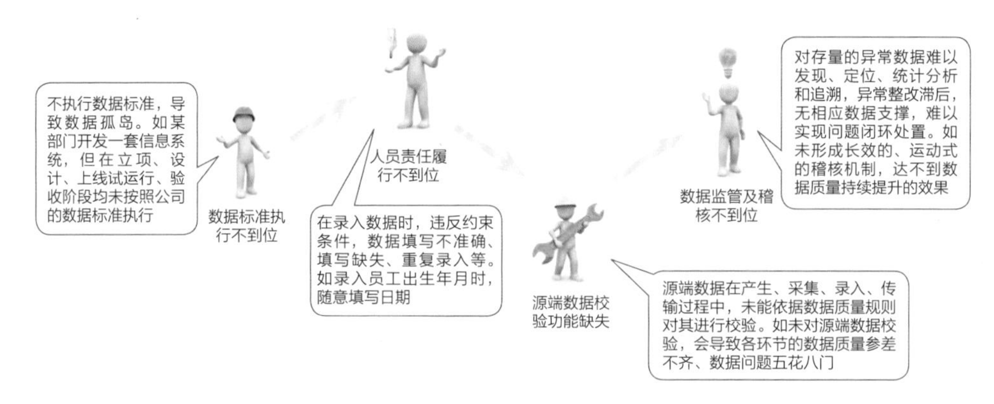

图 4-4　产生数据质量问题的常见原因

为什么要具备数据质量意识？

具备数据质量意识不仅意味着需确保组织中配备合适的人员了解数据质量问题的存在，而且对于获得组织中利益相关者的必要支持至关重要，这将提升数据质量项目成功的机会。具备数据质量意识的重要性如图 4-5 所示。

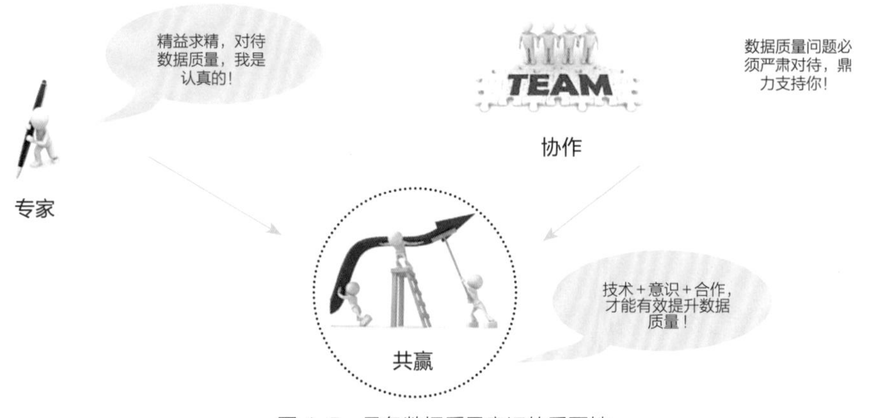

图 4-5　具备数据质量意识的重要性

数据质量治理

数据治理是对数据资产进行实际管理和控制，包括策略和标准、问题管理等。其目标是定义、沟通、审批数据战略、政策、标准、架构、流程和度量体系，管理并解决所有数据相关问题，理解并提升数据资产价值。

数据质量治理是运用相关数据质量技术来评估、度量、提升、确保数据质量的规划、监控、实施、清理修复、控制等一系列活动。通过开展数据质量治理工作，企业可以获得完整、干净、结构清晰的数据，是企业开发大数据产品、提供对外服务、发挥数据价值的必要前提，也是企业开展数据管理的重要目标。

什么是数据质量治理?

数据质量治理是指对数据生命周期的每个阶段可能引发的各类数据质量问题，进行识别、度量、监控、预警等一系列管理活动，包括建立模式化的操作规程、原始信息的校验、错误信息的反馈和矫正等一系列过程。

例如在员工信息表中，通过对稽查发现的问题进行完善，使得员工信息表内容真实、准确、规范，如图 4-6 所示，这就是数据质量治理。数据质量治理工作并非信息部门的职责，需要业务部门与信息部门通力配合完成。

治理前

存在空数据、填写错误、格式不对等问题

员工编号	姓名	性别	年龄	家庭住址	出生年月	手机号
591000001	小红	女	20	新疆乌鲁木齐市	1999年12月	11111***111
591000002	小明强	男	20	新疆乌鲁木齐市	1999年3月	15999***412
591000003	小兰	女	20		1999年6月	18999***985

业务部门明确定义和规则，协同信息部门开展数据质量治理，使员工信息表中的数据内容真实准确。

治理后

该表中呈现出的是真实、准确的员工信息

员工编号	姓名	性别	年龄	家庭住址	出生年月	手机号
591000001	小红	女	20	新疆乌鲁木齐市	1999年12月	18695***984
591000002	小强	男	20	新疆乌鲁木齐市	1999年3月	15999***412
591000003	小兰	女	20	新疆乌鲁木齐市	1999年6月	18999***985

图 4-6　数据质量治理示例

为什么要做数据质量治理？

数据是企业的重要资源，随着数据量不断增加，在实际使用数据时，会碰到各种各样的数据质量问题。如果将数据质量问题置之不理，会严重阻碍企业对数据进行应用。数据质量是数据应用的前提，这也凸显了数据质量治理的重要性。数据质量治理对各类数据质量问题进行治理工作，以提升数据质量，让数据发挥最大价值，满足业务需求和企业的发展。

数据质量治理的流程有什么？

基于数据质量需求，坚持以问题为导向，通过需求收集、问题分析、规则梳理、问题校验、问题处置、结果核查，实现数据质量问题的闭环管理，如图 4-7 所示。

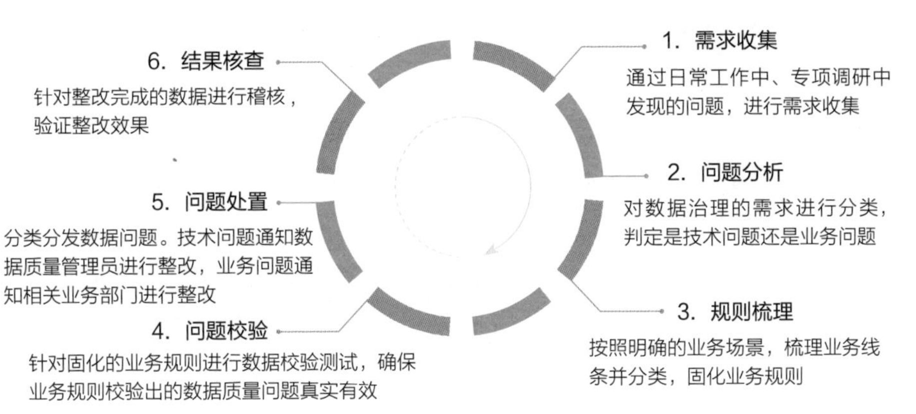

1. 需求收集
通过日常工作中、专项调研中发现的问题，进行需求收集
2. 问题分析
对数据治理的需求进行分类，判定是技术问题还是业务问题
3. 规则梳理
按照明确的业务场景，梳理业务线条并分类，固化业务规则
4. 问题校验
针对固化的业务规则进行数据校验测试，确保业务规则校验出的数据质量问题真实有效
5. 问题处置
分类分发数据问题。技术问题通知数据质量管理员进行整改，业务问题通知相关业务部门进行整改
6. 结果核查
针对整改完成的数据进行稽核，验证整改效果

图 4-7 数据质量治理的过程

什么是数据质量治理规则？

数据质量治理规则是根据业务需求及数据要求制定的用来衡量数据质量的规则，包括衡量数据质量的技术指标、业务指标以及相应的校验规则与方法。

以输电运检场景为例，在实际工作中，电压等级高于 35kV 为输电，电压等级低于 35kV 为配电。按照该标准，定义“业务活动为输电运检，对应电压等级应大于等于 35kV”的规则，对输电运检数据进行数据质量问题排查，排查出不符合规则的问题数据进行整改，这里对数据进行核查的规则就是数据质量治理规则，如图 4-8 所示。

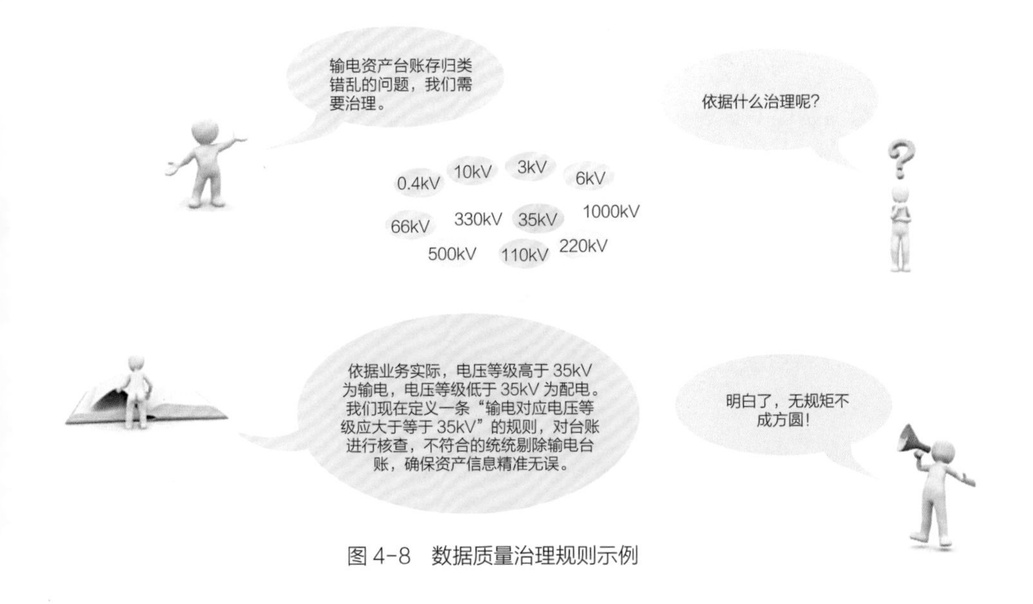

图 4-8 数据质量治理规则示例

什么是数据认责?

数据认责是将数据定义、产生、使用、监督等过程中的各类数据责任落实到相关部门、相关岗位的手段。数据认责明确了数据管理的参与部门及其责任，有助于数据质量治理工作落到实处。

数据认责是将数据的相关责任落实到相关部门或相关岗位。数据认责遵循“谁产生谁负责、谁使用谁负责、谁经手谁负责”的原则，明确数据问题的归口责任部门，如图 4-9 所示。

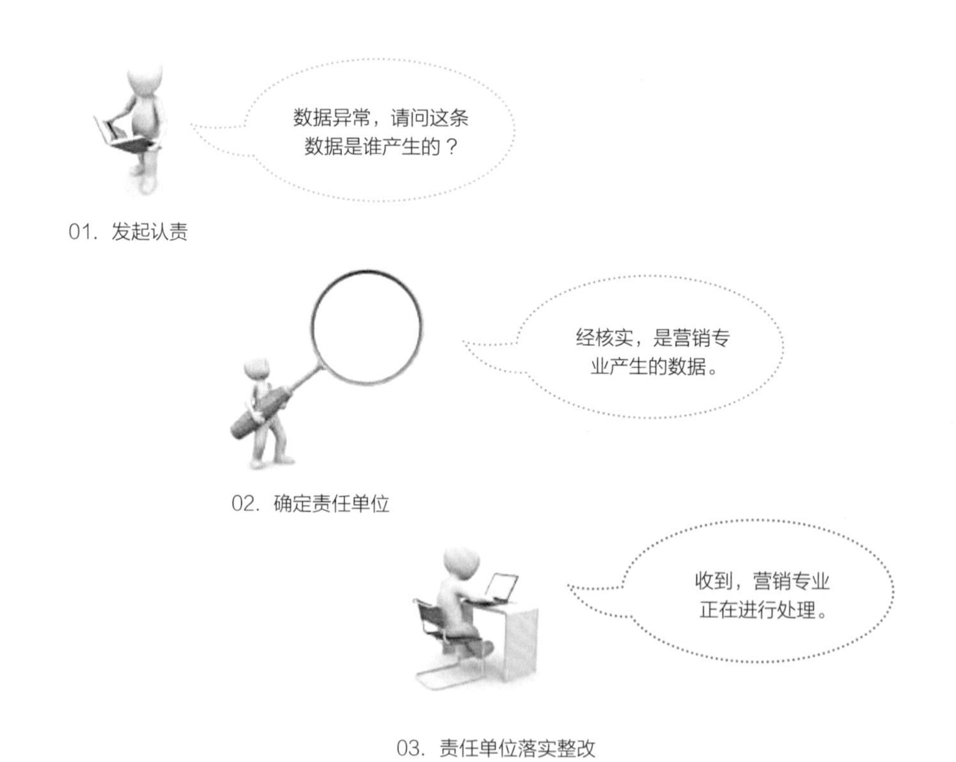

图 4-9　数据认责示例

什么是数据缺陷和数据隐患？

数据缺陷是指在数据管理的生命周期的各阶段中未按数据标准执行，产生了不符合数据质量治理规则、存在数据质量问题的数据。数据隐患是在数据质量治理过程中，当数据缺陷暂时不急需解决或无法解决时，将被归集为数据隐患。

例如，通过数据质量治理规则对数据库进行扫描筛查出一批没有字段描述的数据，这部分数据就是缺陷数据。反馈给相关负责部门后，相关部门负责整改缺陷数据，有部分数据由于历史原因，已经找不到相关人员或相关文档，无法对数据缺陷进行修复，如这部分数据暂时不影响系统正常运行，将被纳入数据隐患库进行管理，如图 4-10 所示。

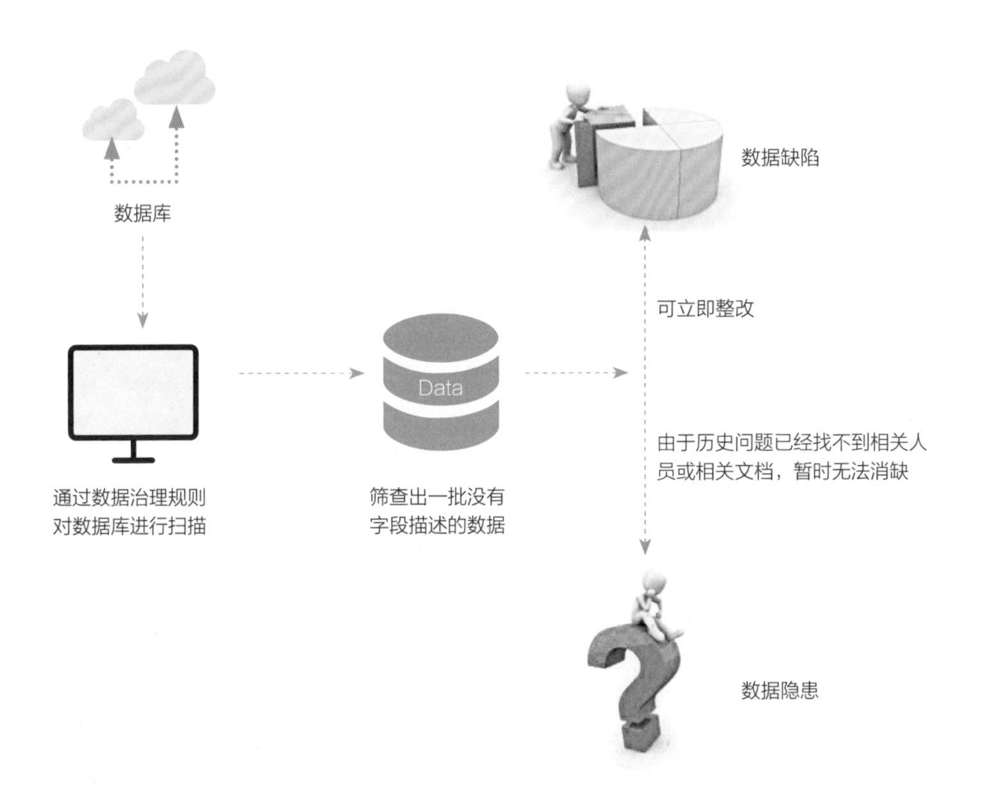

图 4-10　数据缺陷和数据隐患示例

5 数据安全

在现代信息化社会中，数据作为企业或组织进行正常商务运作和管理不可或缺的资源，以及企业财产和个人隐私的重要载体，数据安全的重要性也愈加凸显。

对于电网企业，经过多年的信息化建设，已积累了大量的电力数据，这些数据一旦泄露，将给企业带来巨大损失，甚至会影响整个企业的生存与发展。因此，企业要保持健康可持续发展，数据安全是基本保障之一。

本章介绍数据安全概念、必要性、手段及全生命周期的体现等方面内容。

数据安全概述

随着大数据技术的应用范围日趋广泛，数据安全成为焦点。究竟什么是数据安全？实现数据安全有什么重要意义？本节主要介绍数据安全的相关概念。

什么是数据安全和数据安全技术？

数据安全的概念来源于传统信息安全的概念，通过安全技术保障数据的秘密性、完整性和可用性的过程称为数据安全。

保障数据的秘密性、完整性和可用性，就是保障数据免受泄露、窃取、篡改、毁损、非法使用等。广义的数据安全技术是指一切能够直接、间接地保障数据的完整性、保密性、可用性的技术，其包含的范围非常广，比如传统的防火墙、入侵检测、病毒查杀、数据加密等，都可以纳入这个范畴。狭义的数据安全技术是指直接围绕数据的安全防护技术，主要指数据的安全审计、访问控制、核心数据加密、敏感数据脱敏等方面。

为什么要加强数据安全？

当前，数据价值凸显，通过数据攻击获取巨大的经济利益、社会影响已成为攻击者的共识，尤其是大数据中心，数据集中程度高、价值高、体量大，已成为数据攻击的重灾区。

伴随着数字经济时代来临，越来越多的企业或组织将以数据流动与合作为基础进行生产活动，频繁的数据共享和交换促使数据流动路径变得交错复杂，数据安全问题也将日益凸显。

某大型电网企业面向社会大力拓展“互联网 +”新业务，数据呈现数据量大、用户规模和覆盖面广等特点，与政府等第三方合作伙伴存在大量共享需求，若不加强数据安全防护措施，数据一旦泄露或破坏，将面临难以估量的损失。

2018 年，Facebook 被曝出 8700 多万用户数据泄露，原因是一家服务特朗普竞选团队的数据分析公司通过应用程序非法获取 Facebook 用户的数据，用来为美国大选提供数据采集、分析和战略传播，简单来说就是“操纵民意”。事件发生后，Facebook 市值一度蒸发 500 亿美元，并被罚款 50 亿美元。可见，数据安全可以威胁政治安全和经济安全。

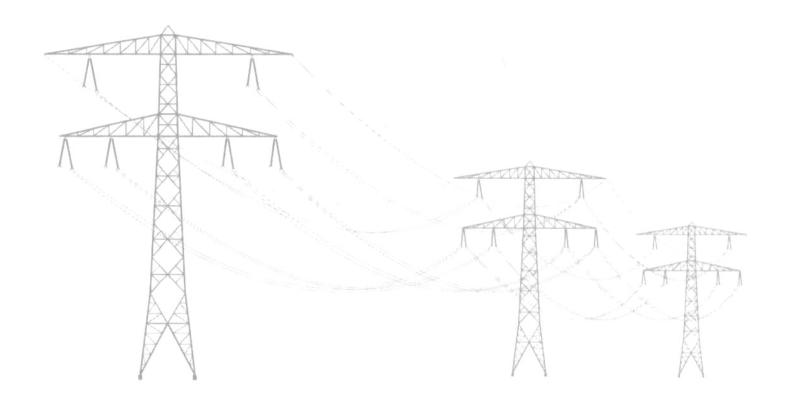

数据安全的技术手段

为了保证数据的可用性、完整性及保密性，采取适宜的技术手段对数据安全进行管控就显得尤为重要，为了确保数据安全，一般可以采用数据分类和分级、数据加密、数据脱敏、数字水印、数据访问控制、数据沙箱、数据备份与还原、数据安全审计等技术手段，如图 5–1 所示。

图 5–1　数据安全的技术手段

什么是数据分类和分级？

数据分类指基于数据的属性或特征，按照一定的原则和方法对数据进行区分和归类，并建立起一定的分类体系和排列顺序，以便更好地管理和使用数据的过程。数据分级指按一定的分级原则，对数据进行定级管理，从而为企业数据的开放和共享安全策略制定支撑的过程，确保重要数据和个人隐私得到有效保护。

数据可以根据数据敏感程度进行分级，明确数据是否可以对外开放共享，确定数据共享需求与分发范围，并确认对数据是否需要进行脱敏或脱密处理，除此之外，还可以按照数据价值、影响和分发范围等标准完成数据分级。如某电网企业数据资产按专业分类，各专业内再按照公司数据敏感属性分级为商密数据、企业重要数据、一般数据三级，数据安全防护强度对照国家分级分类要求实现差异化防护。

数据分类和分级示例如表 5-1 所示。

表 5-1　数据分类和分级示例

企业要求	企业保密要求	国家要求	示例
核心数据	核心商密数据	重要数据	地理信息、电网网架结构、规划计划
企业重要数据	普通商密	—	人力资源、财务、物资供应、电力市场交易等数据；客户个人隐私
一般数据		—	营销服务工单、公共服务等数据

什么是数据加密？

数据加密是指将一个信息（或称明文）经过加密钥匙及加密函数转换，变成无意义的密文，而接收方则将此密文经过解密函数、解密钥匙还原成明文。

在数据信息传输过程中，把重要的数据（隐私数据）变为毫无意义的乱码传送，只有输入相应的密钥才可获取数据内容，从而实现信息的隐蔽，保护数据的完整性与机密性，这种方式称为数据加密。

数据加密示例如图 5-2 所示。

图 5-2　数据加密示例

什么是敏感数据？

敏感数据是指其丢失后，不当使用或未经授权被人接触或修改，会不利于国家利益或政府计划的实行，或不利于企业组织利益，或不利于个人依法享有的个人隐私权的所有信息。

敏感数据常见的有姓名、身份证号码、住址、电话、密码等，而对于电网企业，敏感数据主要包括用户数据、工单数据、流程数据、用电数据、设备数据等。这些数据必须经过一定的手段去除隐私信息才能共享。

什么是数据脱敏？

数据脱敏是在不影响数据分析结果准确性的前提下，对原始数据进行一定的变换操作，对其中的个人（或组织）敏感数据进行替换或删除操作，降低信息的敏感性，避免相关主题的信息安全隐患和个人隐私问题。

如客户个人信息及各业务系统的运行数据等敏感数据，为了保护隐私数据防止外泄，提高电力信息安全，都会对原始数据敏感信息进行模糊化处理（混淆或替换），使得攻击者无法从中直接获取隐私信息，但又保证不会影响接下来的数据使用。

如表 5-2 和表 5-3 所示，对客户个人信息中姓名及身份证号的出生年月部分用“***”进行模糊化处理，对客户月收入转为区间值，对客户的家庭住址转为所在城市，使隐私数据得到外观上的变形，使其得到有效保护，这种方式就是数据脱敏。

表 5-2　数据脱敏示例（数据脱敏前）

序号	姓名	性别	出生年月	家庭住址	身份证号	月收入（元）
1	张三	男	1990 年 1 月	新疆乌鲁木齐市南湖路 88 号	389761199001012335	5678
2	李四	女	1991 年 1 月	浙江省杭州市西湖区 108 号	562134199101019221	6789
3	王五	男	1992 年 1 月	安徽省合肥市长江中路 333 号	457612199201018719	7980
4	赵六	女	1993 年 1 月	江苏省南京市玄武区 69 号	342312199301012543	8900

表 5-3　数据脱敏示例（数据脱敏后）

序号	姓名	性别	出生年月	家庭住址	身份证号	月收入（元）
1	张 *	男	1990 年 1 月	乌鲁木齐市	389761********2335	5000-7000
2	李 *	女	1991 年 1 月	杭州市	562134********9221	6000-8000
3	王 *	男	1992 年 1 月	合肥市	457612********8719	7000-9000
4	赵 *	女	1993 年 1 月	南京市	342312********2543	8000-9000

什么是数字水印?

数字水印是一种应用计算机算法嵌入载体文件的保护信息，提供数据溯源等功能，避免了数据使用人员对数据无法进行数据追溯，提高了数据传递的安全性和可追溯能力。

在数据分发、传输、共享使用前，将附加的标识信息嵌入数据中作为标记，它可以是可见的或是隐藏的，如为了图片、文件的版权保护和防伪溯源，将版权拥有者的名称或标志标识在数据资源中，这种方式就是数据水印。通过这些标识信息，可以知道数据创建者、使用者等，当数据被篡改或是被非法应用时做到有效溯源，从而实现数据的安全。

如图 5-3 所示，是一种可见的水印，将字符串嵌入到 word 文档中对版权进行保护。

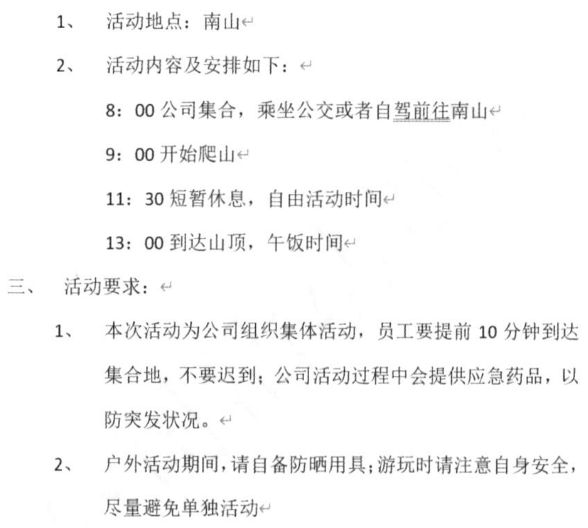

1、　活动地点：南山

2、　活动内容及安排如下：

8：00 公司集合，乘坐公交或者自驾前往南山

9：00 开始爬山

11：30 短暂休息，自由活动时间

13：00 到达山顶，午饭时间

三、　活动要求：

1、　本次活动为公司组织集体活动，员工要提前 10 分钟到达集合地，不要迟到；公司活动过程中会提供应急药品，以防突发状况。

2、　户外活动期间，请自备防晒用具；游玩时请注意自身安全，尽量避免单独活动

图 5-3　可见数字水印示例

图 5-4 是一种隐藏的水印。将原始水印图像（c）嵌入到原始图像（a）中得到含水印的图像（b），图像（a）和（b）进行对比，肉眼看不出区别。但是经过一定的算法可以从含水印的图像（b）中提取出水印图像（d）。嵌入不可见水印信息时，由于嵌入的水印信息低于人类视觉系统所能承受的最小粒度发现范围，肉眼无法发现。

数字水印生成及溯源流程如图 5-5 所示。

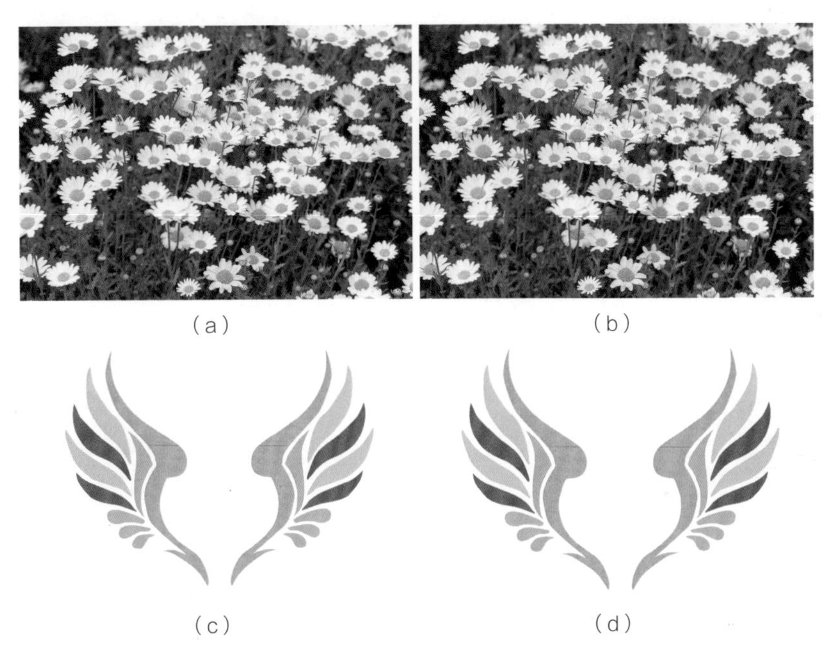

图 5-4　隐藏数字水印示例

（a）原始图像；（b）含水印图像；（c）原始水印图像；（d）提取出的水印图像

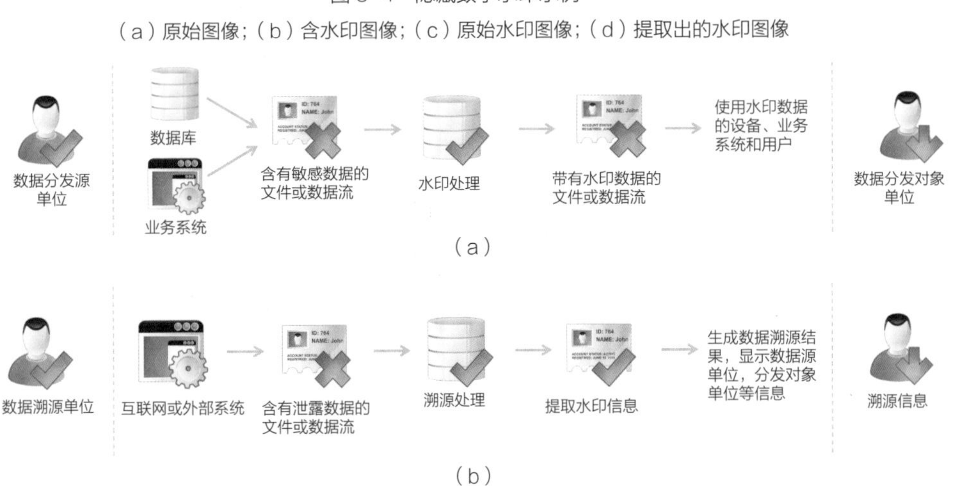

图 5-5　数字水印生成及溯源流程

（a）数字水印生成流程；（b）数字水印溯源流程

什么是数据访问控制?

数据访问控制是指激活用户以及其权限的过程，主要涉及认证与授权两个重要环节。认证指验证用户是他们所声明的那个用户名，授权指正确识别用户并在具体、适当的数据视图上赋予数据访问、使用权限。

当用户访问一个对象（信息系统、文件等）时，计算机会检查用户身份，并判断是否满足访问该数据的特定权限，如果是，则访问可以进行，否则就将禁止，只有取得相应授权，才能获取想要的数据资源，如图 5-6 所示。

图 5-6　数据访问控制示例

什么是数据沙箱？

沙箱是一个虚拟系统程序，沙箱提供的环境相对于每一个运行的程序都是独立的，而且不会对现有的系统产生影响，即沙箱提供一个限制该应用程序对系统资源的访问权限。数据沙箱指提供一个数据隔离环境。

数据沙箱主要用于隔离企业数据，按照用户权限分配用户使用数据的范围，确保数据仓库数据的唯一性、不可篡改性、数据安全性。通过沙盘演练的方式提供数据给用户使用，让用户在数据仓库副本的基础上进行数据分析、挖掘，并实现数据可视化、上传数据、下载数据等功能，如图 5-7 所示。

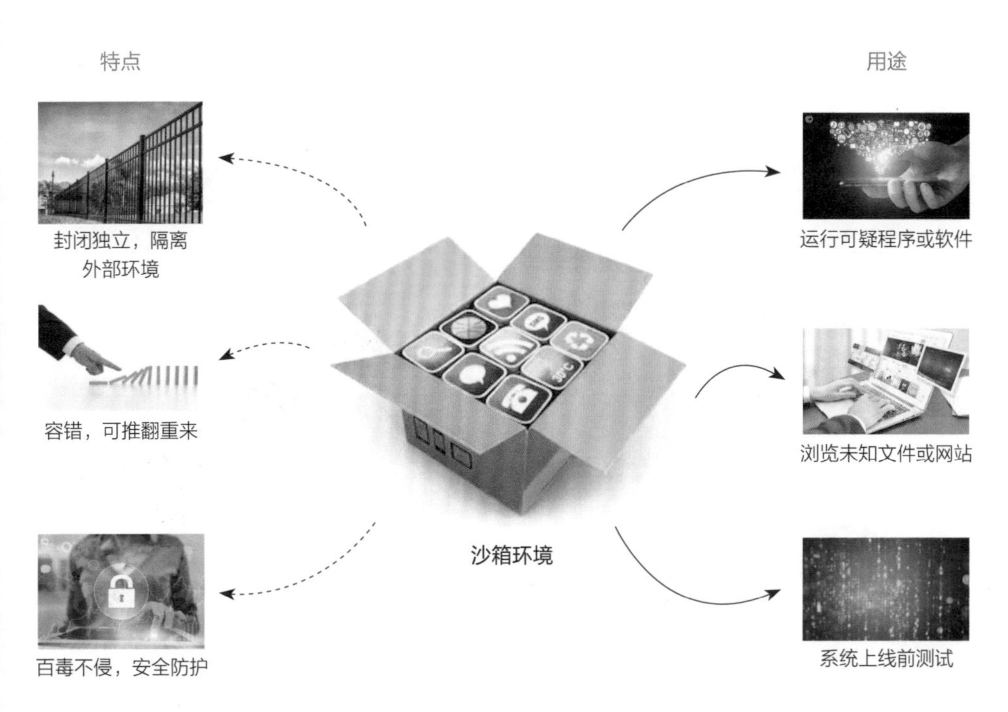

图 5-7　数据沙箱示例

什么是数据备份与还原?

数据备份是指在计算机领域为了防止人为误操作、存储载体故障、自然灾害等情况引起的数据破坏或丢失的情况，而将全部或部分数据集合从应用主机的硬盘或阵列复制到其他存储介质的过程。数据还原是指将备份的数据恢复到备份之前的状态。

数据备份是将数据以某种方式加以保留，以防系统遭到破坏时，对数据重新加以利用的过程。就像在日常生活中，我们经常会选择为自己家的房门多配几把钥匙，为自己的爱车多准备个备胎等，备用钥匙和备胎都用于应急，处理突发事件。如图 5-8 所示。数据还原则指让数据回到原来某个时间的状态，应定期对备份数据做还原测试，以确保可用性。

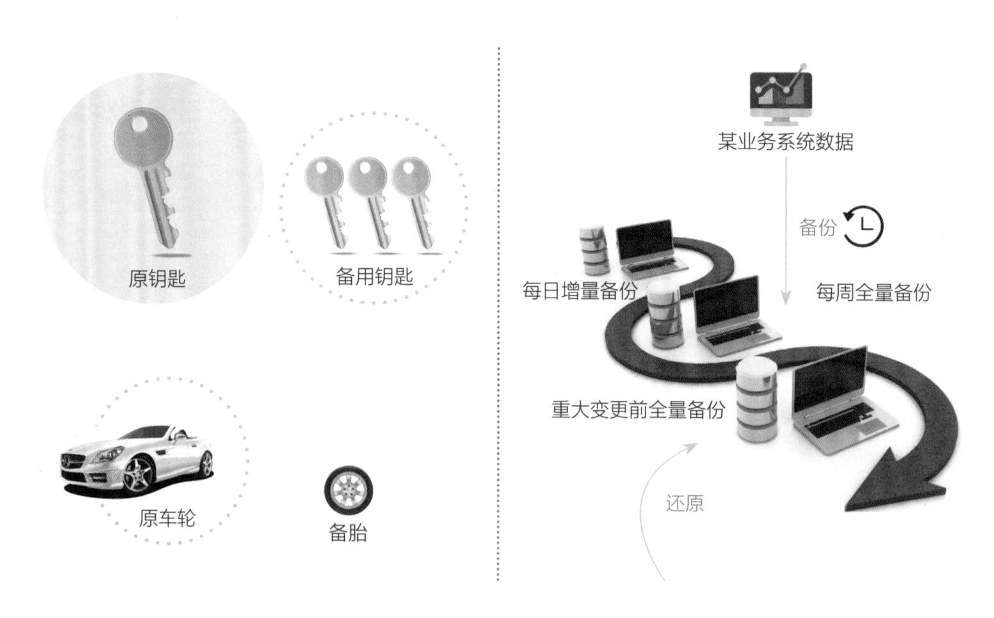

图 5-8　数据备份与还原和备用钥匙及备胎的类比

什么是数据安全审计?

数据安全审计包括:

(1)按照最佳实践和需求，分析数据安全策略和标准;

(2)分析实施规程和实际做法，确保数据安全目标、策略、标准、指导方针和预测结果相一致;

(3)检查安全审计数据的可靠性和准确性;

(4)评价违背数据安全行为的上报规程和通知机制。

主要是通过对用户行为及安全活动进行记录、监控，确保数据安全。

利用数据库协议分析技术将所有访问和使用数据的行为全部记录下来，包括账号、时间、IP、会话、操作、对象、耗时、结果等内容，并完成对数据的分析、异常行为的监控，以备有数据安全事件发生时，有效地追查责任和分析原因，提供有效依据，从而达到事前记录、事中监控、事后追溯的目的，如图5-9所示。

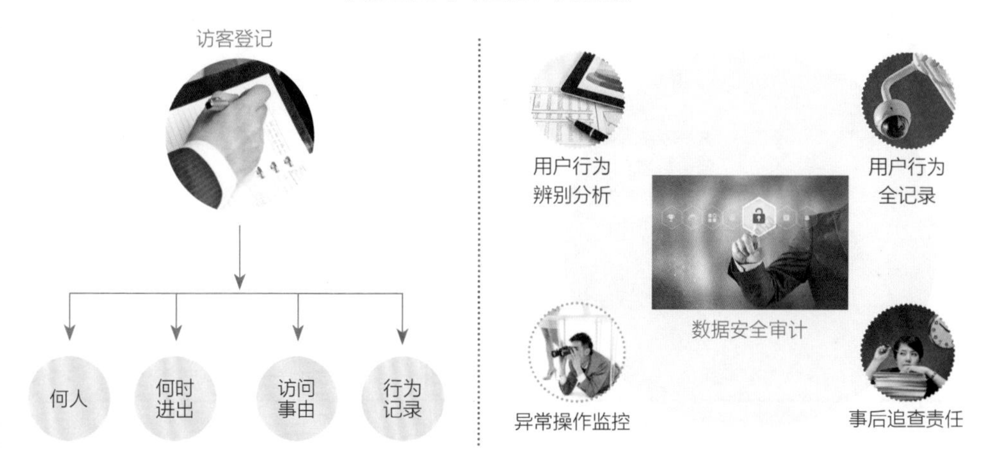

图5-9 数据安全审计示例

数据安全手段在数据管理生命周期中的应用

数据安全在数据管理的生命周期中一般应用在数据采集传输过程中的加密，数据存储时的加密、备份与还原、分类和分级，数据质量治理时的水印，数据共享过程的脱敏、加密、水印及访问控制，数据应用过程中的脱敏、沙箱、水印，以及数据全生命周期的安全审计，如图 5-10 所示。

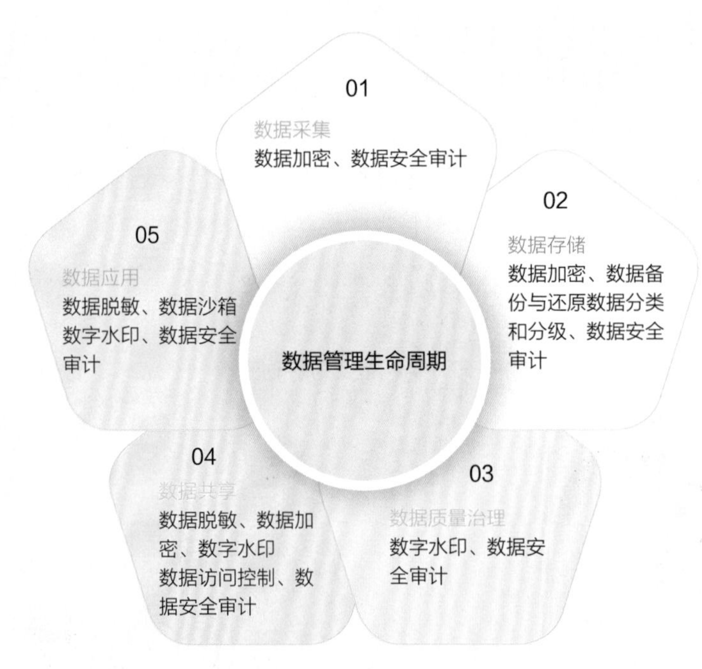

图 5-10　数据安全在数据管理生命周期中的应用

6 数据共享

数据共享现已成为信息利用的一种重要方式，对社会及企业经济运行、工作方式等生产经营活动产生重要影响。数据共享，信息互联互通，打破部门间信息壁垒将是社会发展的大趋势。

对于电网企业来说，数据共享主要有生产经营过程中的业务数据共享，也有能提供辅助决策作用的外部数据共享。利用数据共享，可以减少资料收集、数据采集等重复劳动，保证一次采集或录入，共享共用，使数据得到更加高效的利用。数据共享已融入工作生活中的方方面面，规范、高效地开展数据共享工作将极大提高工作效率，提升数据价值。

本章介绍数据共享的概念，数据资源目录，数据共享的方式和流程等方面内容。

数据共享概述

数据共享现已融入我们工作和生活的方方面面，工作中客户电量信息的共享、聚餐时位置的共享等各种场景时常发生在我们身边。本节主要从什么是数据共享以及为什么要进行数据共享进行介绍。

什么是数据共享？

数据共享主要是指开展数据共享和交换，实现数据内外部价值的一系列活动。数据共享管理包括内部数据共享（企业内部跨组织、部门的数据交换）、外部数据流通（企业之间的数据交换，如气象、地理等信息对外开放）。

像银行机构的数据共享，可以保证各家银行能够读取贷款人的相关数据并进行计算分析客户还款履约能力；电网企业的数据共享，一次采集或录入，共享共用，根据各个信息系统里的数据分析挖掘出电力数据价值，辅助决策，促进业务发展。电网企业和银行业数据共享的类比如图 6-1 所示。

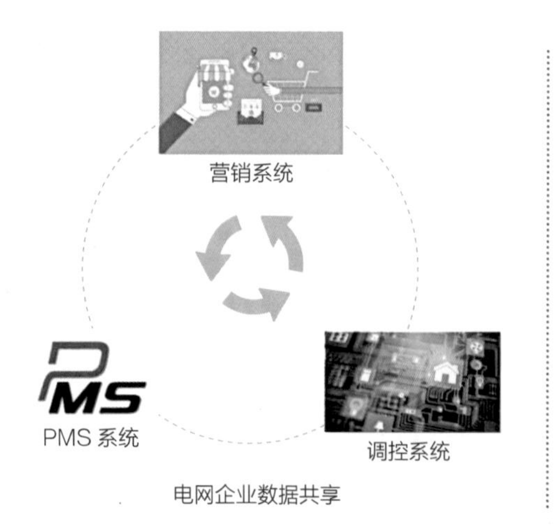

电网企业数据共享

银行业数据共享

图 6-1　电网企业和银行业数据共享的类比

为什么要进行数据共享?

共享是指一起使用或分享，通过共享能够实现资源重新配置整合，提高社会运行效率。数据共享是为了降低资料收集、数据采集等重复劳动和相应费用，做到一次采集或录入，共享共用。

信息系统建设之初，各系统之间存在信息孤岛、共享性差、获取数据成本高等问题。通过数据共享，能够便捷地获取数据，提升数据应用协同性及综合利用价值。

为促进数据共享的业务系统演进示例如图 6-2 所示。

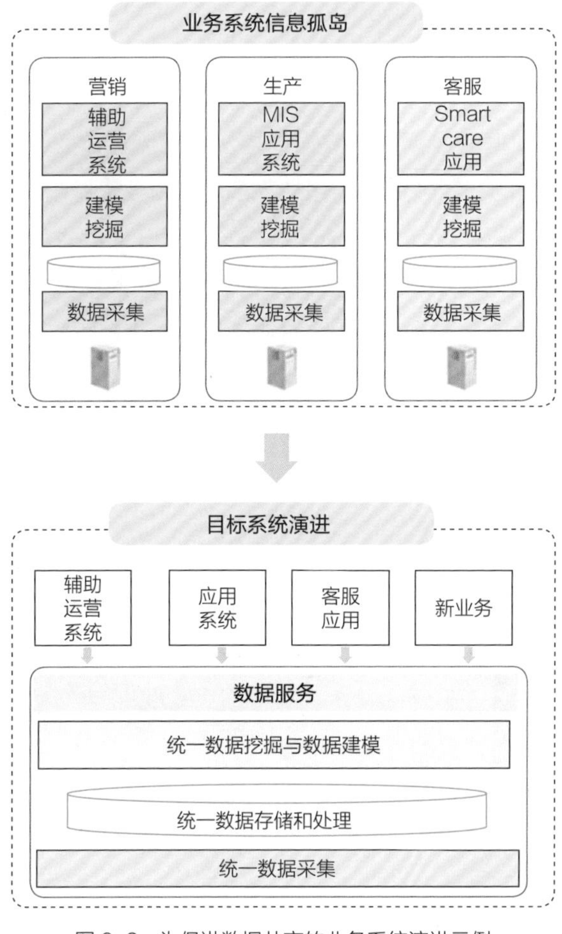

图 6-2　为促进数据共享的业务系统演进示例

数据资源目录概述

数据在共享的过程中，对于可以共享的数据列入数据资源目录供用户使用，利用数据资源目录帮助用户更好地了解共享数据的内容概况、所属部门和示例信息等内容。本节主要从什么是数据资源目录、数据资源目录的用途、如何实现内外部数据共享等方面进行描述。

什么是数据字典？

数据字典是描述数据的信息集合，是对系统中使用的所有数据元素的定义的集合。数据字典对数据的数据项、数据结构、数据流、数据存储、处理逻辑等进行定义和描述，其目的是对数据流转和加工中的各个要素做出详细的说明。

日常生活中，当我们不清楚某些词汇的含义时，需要求助字典；同样的，信息系统中不清楚某个字段的具体含义时，需要求助数据字典，数据字典是对字段类型、字段长度、字段描述进行定义，方便数据使用人员进行查询。

如图 6-3 所示，字典对“枯”这个字进行了定义解释，“员工信息表”中定义了“idcard”字段的数据类型是“char”，字段长度是“18”，字段的描述为“身份证号”。

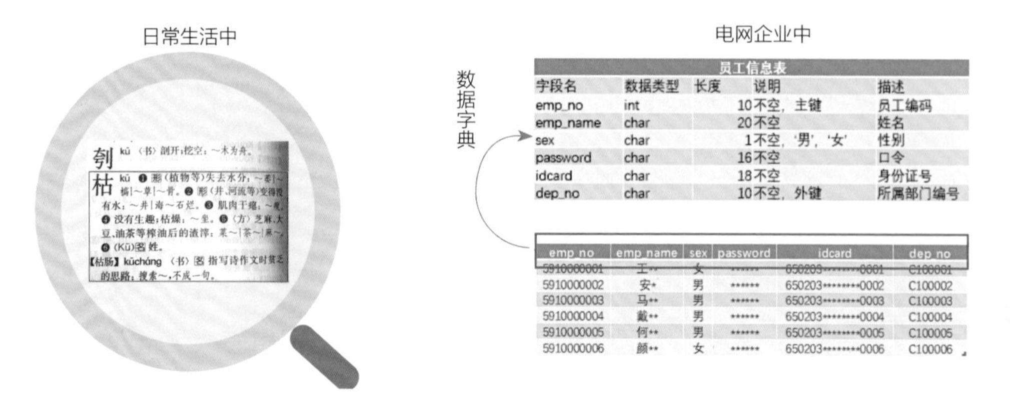

员工信息表				
字段名	数据类型	长度	说明	描述
emp_no	int	10	不空，主键	员工编码
emp_name	char	20	不空	姓名
sex	char	1	不空，‘男’，‘女’	性别
password	char	16	不空	口令
idcard	char	18	不空	身份证号
dep_no	char	10	不空，外键	所属部门编号

emp_no	emp_name	sex	password	idcard	dep_no
5910000001	王**	女	******	650203********0001	C100001
5910000002	安*	男	******	650203********0002	C100002
5910000003	马**	男	******	650203********0003	C100003
5910000004	戴**	男	******	650203********0004	C100004
5910000005	何**	男	******	650203********0005	C100005
5910000006	颜**	女	******	650203********0006	C100006

图 6-3　数据字典和字典的类比

什么是数据资源目录？

数据资源目录是指对企业数据资源进行分类后，通过数据资源依据规范的元数据描述，按照一定的分类方法进行排序和编码的一组信息，用以描述各个企业数据资源的特征，以便于对企业数据资源的检索、定位与获取。

数据资源目录就像一本书的目录，学生能够按照书籍目录快速查找定位自己所需要的内容；数据资源目录能够将数据按照特征进行分类，简洁明了地展示索引，提供专业及外部辅助信息，减少数据查询成本，降低数据搜索与获取难度，如图 6-4 所示。

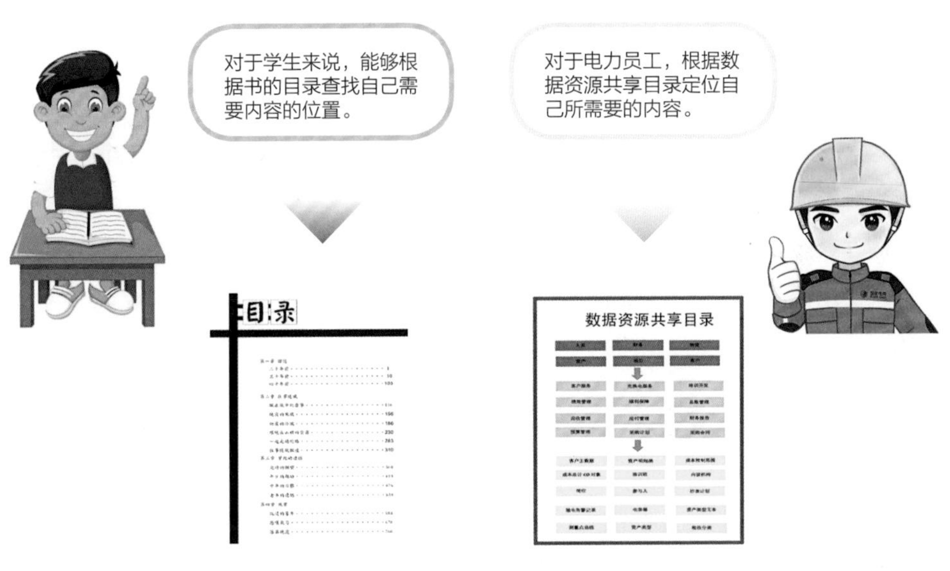

图 6-4　数据资源目录和书籍目录的类比

数据资源目录有哪些用途？

数据资源目录是为了解决数据使用过程中所遇到的“4W1H”问题。消除数据谁提供、谁使用、有什么数据、数据从哪里来、如何查找、使用、发布等业务工作盲点，提供规范化、可溯源的数据共享规范化管理机制，使数据能够“找得着、用得上、管得了”，如图 6-5 所示。

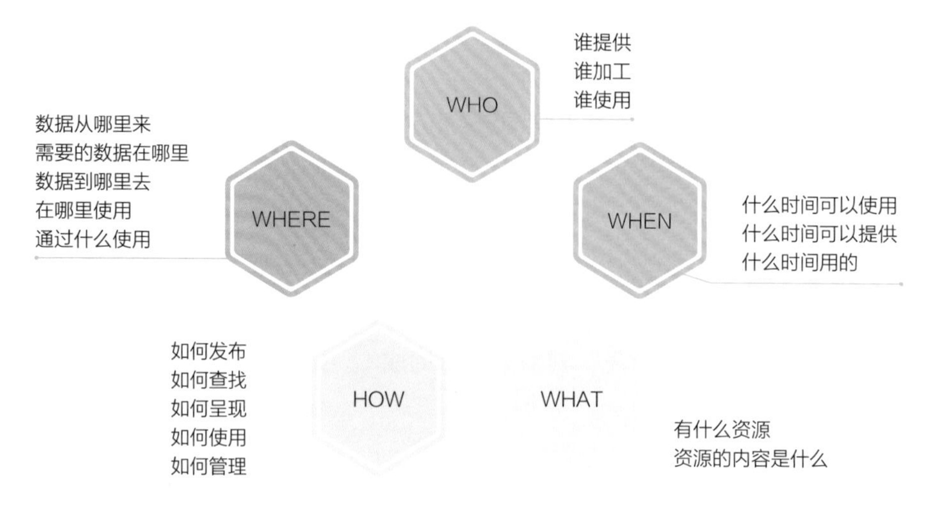

图 6-5　数据资源目录的“4W1H”问题

电网企业构建数据资源目录有助于各业务部门和技术部门了解公司数据资产状态，通过数据资源目录，明确数据资源现状，解决业务部门对数据资源的各类需求问题。

构建数据资源目录能为用户更加方便地提供数据，使用户更加清楚数据来源、用途及使用管理等内容，如图 6-6 所示。

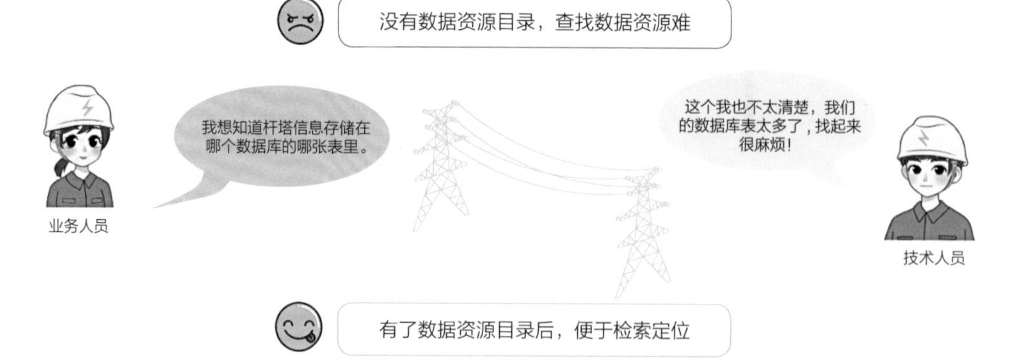

我想知道杆塔信息存储在哪个数据库的哪张表里。

图 6-6　数据资源目录用途示例

如何基于数据中台实现数据共享

以某大型电网企业为例，在进行数据共享的过程中，通过数据中台进行数据共享，并按照一定的要求进行规范，以保证数据共享过程简单高效和规范合理。本节主要对数据共享的方式、流程和要求等方面进行介绍。

数据共享有哪些方式？

数据共享根据实际业务需求，为各业务部门、二级单位提供全业务范围、全时间维度的业务数据共享。数据共享依托数据中台通过将离散的业务数据进行跨系统、跨专业聚合汇集，屏蔽底层数据架构差异，基于统一的标准规范进行服务化封装后，按不同的业务进行归类（如电网、资产、市场、客户等），并在数据资源共享目录进行发布，为各部门、各单位获取业务数据提供标准化、规范化的数据共享服务，如图 6-7 所示。

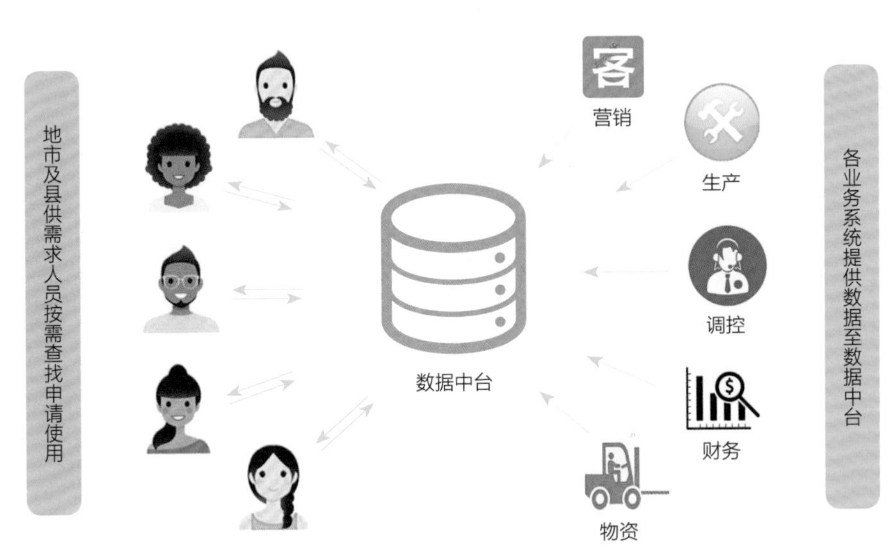

图 6-7　基于数据中台实现数据共享示例

数据共享使用的申请流程是怎样的?

一般来说，数据共享使用流程分为申请、审批、授权、使用四个环节。以某大型电网企业为例，建立了基于数据共享负面清单的应用授权机制，坚持“以共享为原则、不共享为例外”，按照“最小化”原则建立数据共享负面清单，对负面清单内的数据实施严格审批，其余数据均可在公司内部共享使用。

负面清单数据的授权流程如图 6-8 所示。

（1）使用部门申请：数据使用部门根据数据使用需求发起数据使用申请。

（2）提供部门审批：数据提供部门对申请进行审批，如果申请的数据涉密则需要保密管理部门审批。

（3）保密部门审批：使用部门申请的数据如果涉密，保密部门需对申请进行审批。

（4）信息化职能部门授权：提供部门 / 保密部门审批通过后，需要信息化职能部门进行数据授权。

（5）数据运营管理单位执行授权：数据运营管理单位执行信息化职能部门的授权要求。

（6）申请部门使用：执行授权后，申请部门正常使用数据。

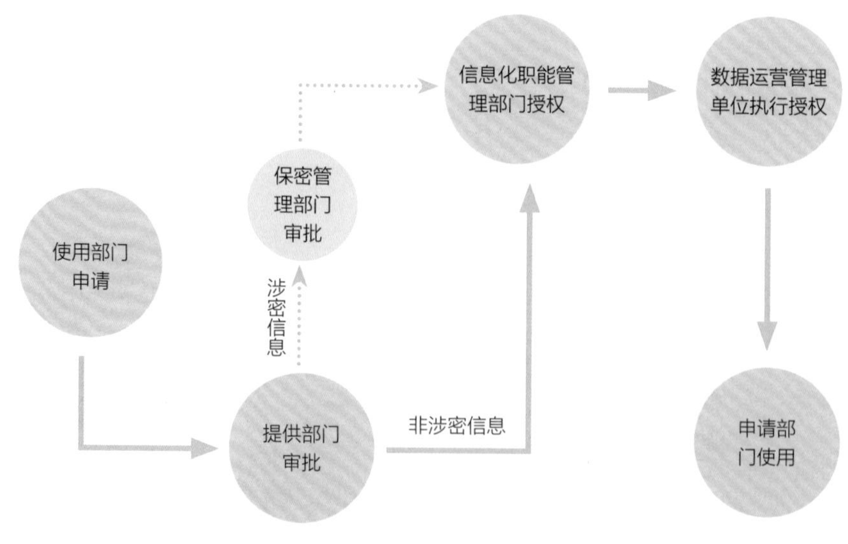

图 6-8　负面清单数据的授权流程

数据共享的要求有哪些？

以某大型电网企业数据共享要求为例，总体要求是要着眼于破除信息孤岛，明确以共享为原则，不共享为例外。

（1）遵循公司统一管理要求。数据共享需要结合某大型电网企业数据中台统一建设与部署，有效支撑数据共享业务开展。

（2）以用户需求为中心。数据共享需始终围绕业务部门的实际数据共享需求，数据共享要做到贴近一线、用户驱动、场景推动、服务基层。

（3）坚持立足企业实际。结合企业业务实际和现有系统、平台的建设情况，制定数据共享的策略。

数据在共享过程中应明确相关业务要求，重点避免侵犯知识产权、外泄共享数据、泄露个人隐私、共享涉密文件、扩大共享范围等情况的发生，如图 6-9 所示。工作中应建立数据共享规章制度、应用计算机自动筛查异常等手段，消除数据共享潜在的风险隐患。

图 6-9　数据共享的要求示例

7 数据挖掘

随着信息技术的迅速发展以及数据库管理系统的广泛应用，企业积累的数据越来越多。激增的数据背后隐藏着许多重要的信息，人们渴望对已知的信息或数据进行更高层次地分析，以便更好地利用这些数据。

对于电网企业来说，数据的应用和价值挖掘，是数字经济时代下的战略转型，是以数字化转型激发企业发展模式彻底转变，是实现“自我革命”“赛道转换”“跨界创新”的机遇与挑战。

本章介绍电网企业数据挖掘应用概述、应用场景、工具及算法等内容。

数据挖掘概述

对于企业而言，数据挖掘应用有助于发现业务的趋势，揭示已知的事实，预测未知的结果。从这个意义上讲，知识是力量，数据挖掘应用是财富，本节主要介绍什么是数据挖掘应用。

什么是数据挖掘?

数据挖掘是指从大量数据中通过算法搜索隐藏于其中的信息的过程，一般通过统计、在线分析处理、情报检索、机器学习、专家系统和模式识别等方法来实现。

数据挖掘可以比喻成挖矿，如图 7-1 所示，通过对海量的、杂乱无章的、不清晰的并且随机性很大的数据进行挖掘，找到其中蕴含的有规律、有价值、能够理解应用的知识，这一过程就是数据挖掘应用。

图 7-1　数据挖掘和挖矿的类比

为什么需要数据挖掘?

当前电网企业数据分析应用整体处于认识探索阶段，各专业数据分析应用工作推进程度不一、基础数据支撑相对薄弱，是现阶段电网企业数据应用发展的主要特征，我们需要通过数据挖掘，将碎片化的数据整合，最快捷、直观地发挥数据价值。

电力数据价值就像图 7-2 中“大象”的图片，把“大象”图片碎片拼图比喻为“海量数据”，经过提炼和挖掘加工成“预处理数据”可以隐约看到“大象”雏形，再经过分析和预测成为“有价值数据”获得“大象”图片。所以电力数据不经过挖掘和提炼是无法体现数据价值的，同时没有正确的数据分析方法，也无法用于辅助决策，从而无法真正发挥数据价值。

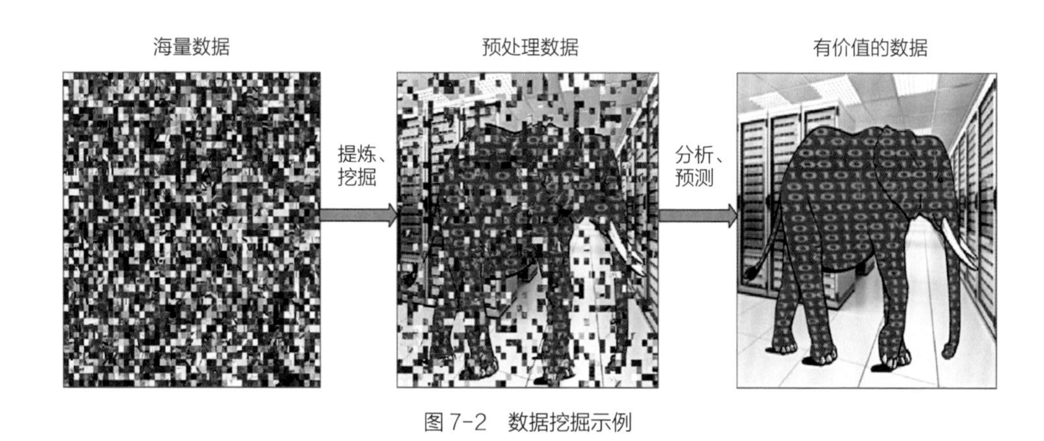

图 7-2　数据挖掘示例

数据挖掘的流程有什么?

数据挖掘的流程一般包括业务理解、数据理解、数据准备、数据建模、模型评估和实施部署。每个流程的具体内容如图 7-3 所示。

（1）业务理解。主要任务是深刻理解业务需求，在需求的基础上，制定数据挖掘的目标和实现目标的计划。

（2）数据理解。主要收集数据、熟悉数据、识别数据的质量问题。

（3）数据准备。从收集来的数据集中选择必要的数据字段（属性），并按关联关系将它们连接成一个数据集，然后进行数据清洗，即空值和异常值处理和数据标准化等。

（4）数据建模。选择不同的数据挖掘技术，并确定模型最佳的参数。如果初步分析发现模型的效果不太满意，要再跳回数据准备阶段，甚至数据理解阶段。

（5）模型评估。对建立的模型进行可靠性评估和合理性解释，未经过评估的模型不能直接应用。彻底地评估模型，检查构造模型的步骤，确保模型可以完成业务目标。如果评估结果没有达到预想的业务目标，要再跳回业务理解阶段。

（6）实施部署。根据评估后认为合理的模型，制定将其应用于实际工作的策略，形成应用场景。

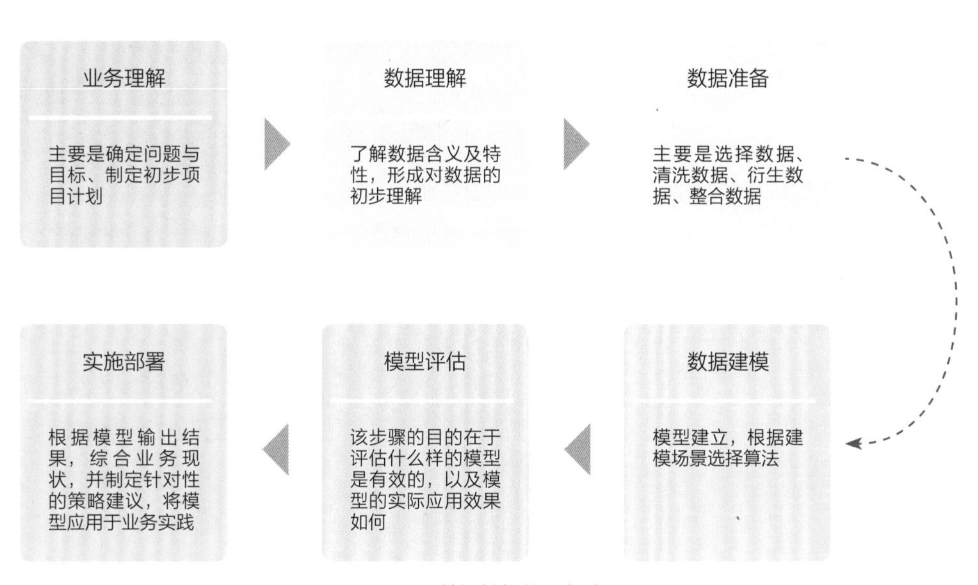

图 7-3　数据挖掘的一般流程

电力数据挖掘应用方向

随着电力系统中数字化技术的广泛应用，电力系统产生的数据越来越多，数据挖掘技术逐渐成为电网企业数据处理和分析的重要方法。数据挖掘技术的应用不仅可以解决电网企业运营管理中的关键和突出问题，还将为电网企业带来更大的发展空间。电力数据挖掘应用方向主要包括数据辅助决策、数据驱动业务和价值延伸等方面。

数据辅助决策方向

数据辅助决策就是利用数据挖掘帮助企业决策从定性到定量的转变，提升企业决策能力和决策效率。

如通过结合电力负荷、用户档案、气象等数据，构建用电负荷数据分析模型，根据分行业、分地区等用电特性，预测未来用电负荷曲线，高效助力电网削峰填谷、平稳运行，如图 7-4 所示。

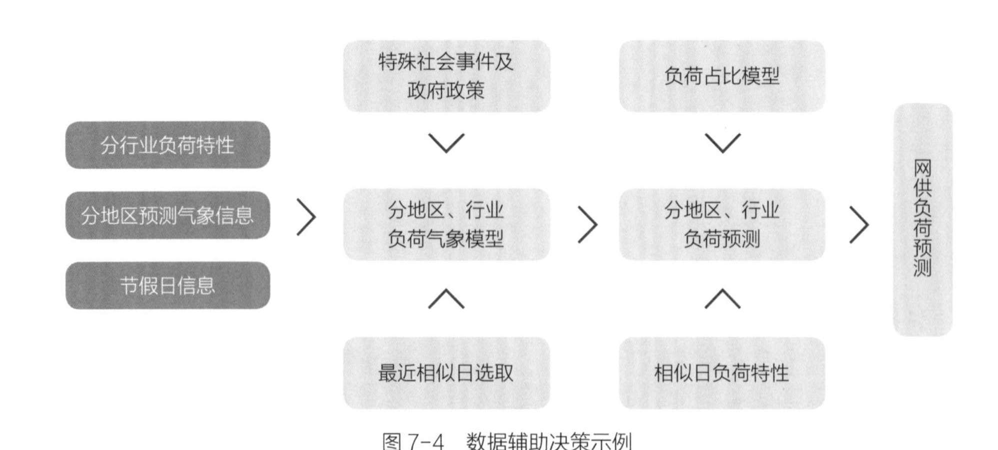

图 7-4　数据辅助决策示例

数据驱动业务方向

数据驱动业务就是利用数据挖掘在现有业务模式基础上，提供新的解决思路和方法，改造提升已有业务水平，从而提高企业的整体效能产出。

如通过结合配电变压器年限、配电变压器负荷、天气信息等数据，建立重过载预测模型，预测未来一段时间配电变压器发生重过载概率，以及配电变压器发生重过载事件（发生时间及时段），辅助现场检查人员进行配电变压器检修，提高客户服务能力、配电变压器运检效率，如图 7-5 所示。

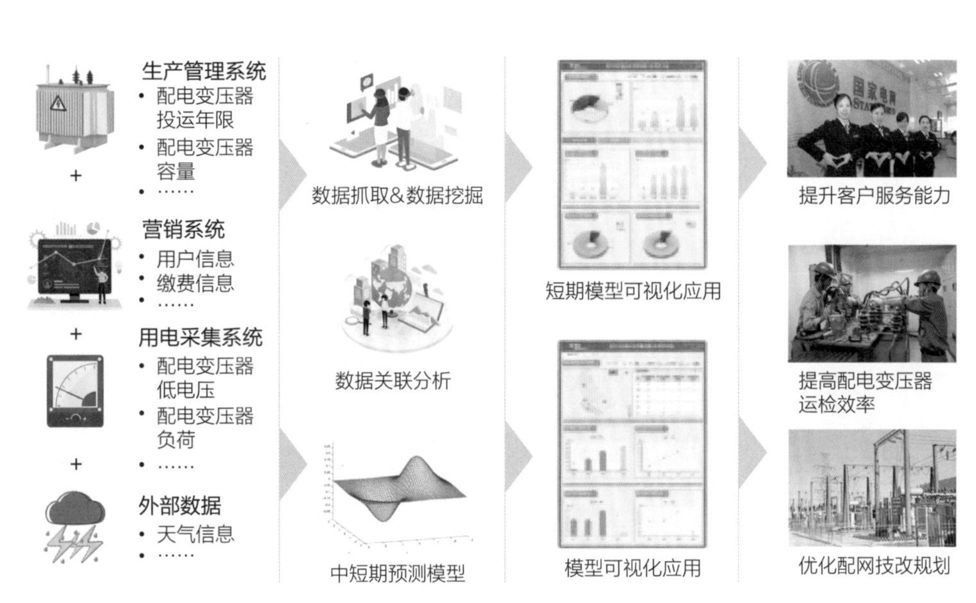

图 7-5　数据驱动业务示例

数据价值延伸方向

数据价值延伸是利用数据挖掘创新企业业务模式，创造新的社会经济效益。

如通过结合用户信息、用电信息、95598 信息等数据，构建用电行为特征模型，实现对不同客户群体的用电特性分析，并提供相应的用电指导，同时实现与外部数据的关联，利用电力数据看经济、看民生，进一步提升电力数据价值，如图 7-6 所示。

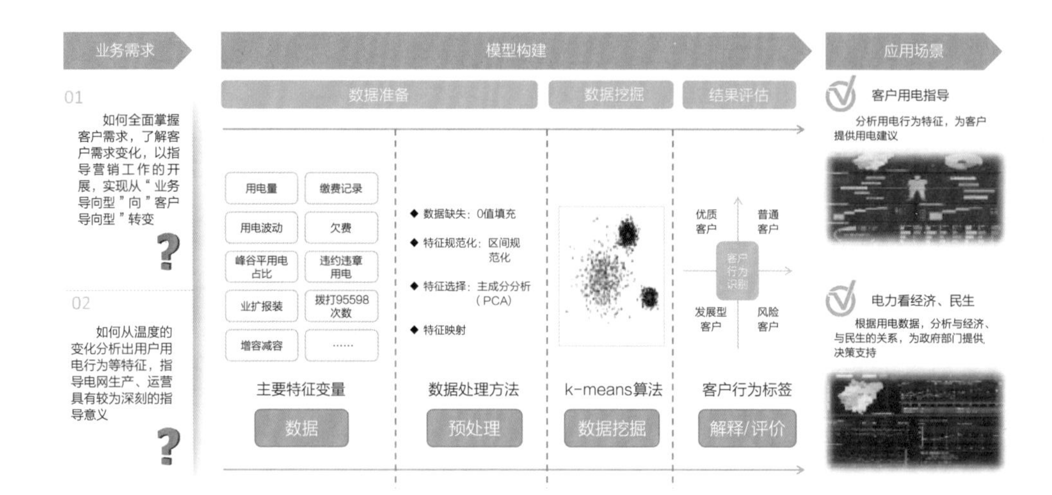

图 7-6　数据价值延伸示例

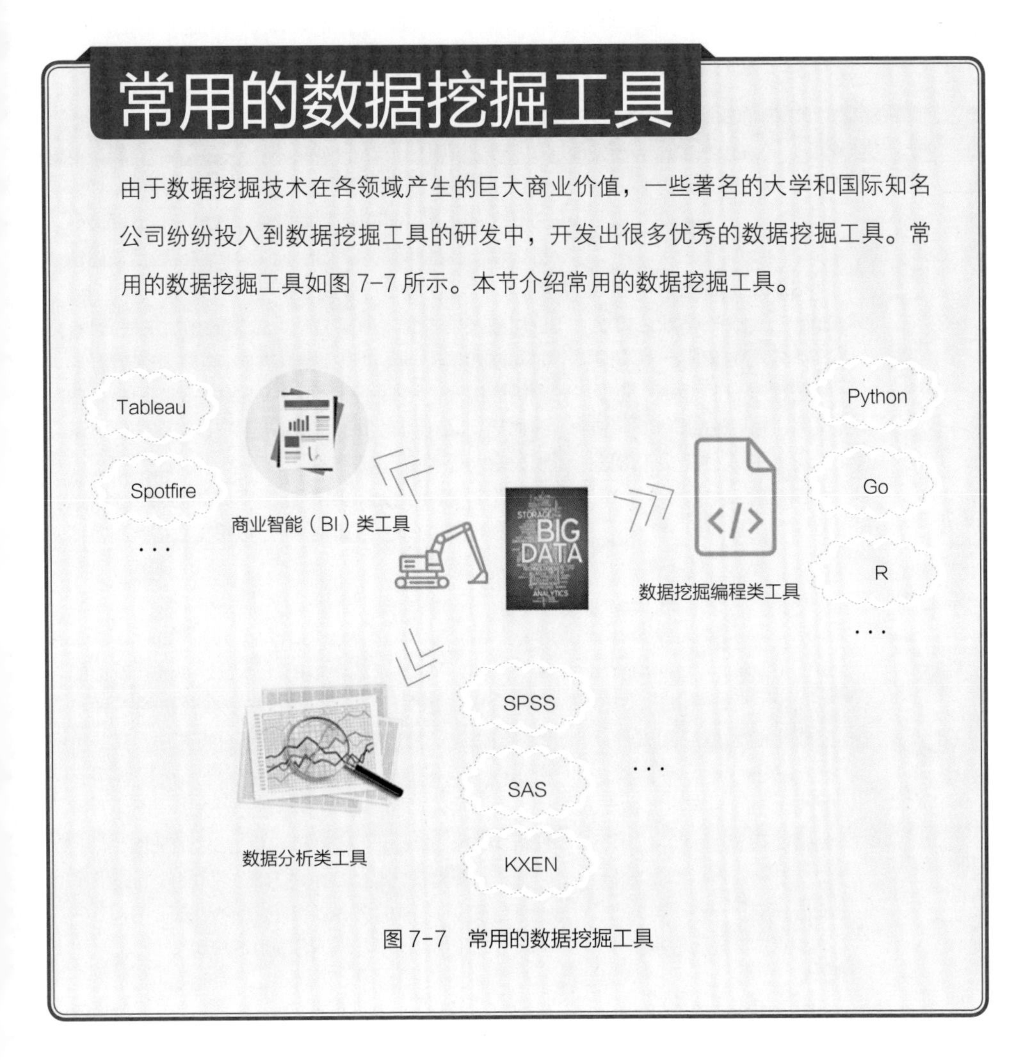

常用的数据挖掘工具

由于数据挖掘技术在各领域产生的巨大商业价值，一些著名的大学和国际知名公司纷纷投入到数据挖掘工具的研发中，开发出很多优秀的数据挖掘工具。常用的数据挖掘工具如图 7-7 所示。本节介绍常用的数据挖掘工具。

图 7-7　常用的数据挖掘工具

数据分析类工具有哪些?

数据分析类工具集成了数据处理、建模、评估等一整套功能，并支持常用的数据挖掘算法。常用的数据分析类工具有 SPSS、SAS、KXEN 等，如表 7-1 所示。

表 7-1 数据分析类工具简介

分析工具	工具介绍	支持功能
SPSS	SPSS（Statistical Product and Service Solutions）为IBM 公司推出的一系列用于统计学分析运算、数据挖掘、预测分析和决策支持任务的软件产品及相关服务的总称	SPSS 的基本功能包括数据管理、统计分析、图表分析、输出管理等等。SPSS 统计分析过程包括描述性统计、均值比较、一般线性模型、相关分析、回归分析对数线性模型、聚类分析、数据简化、生存分析、时间序列分析、多重响应等几大类，每类中又分好几个统计过程，比如回归分析中又分线性回归分析、曲线估计、Logistic 回归、Probit 回归、加权估计、两阶段最小二乘法、非线性回归等多个统计过程，而且每个过程中又允许用户选择不同的方法及参数。SPSS 也有专门的绘图系统，可以根据数据绘制各种图形
SAS	SAS（Statistical Analysis System）是一个模块化、集成化的大型应用软件系统。它由数十个专用模块构成，功能包括数据访问、数据储存及管理、应用开发、图形处理、数据分析、报告编制、运筹学方法、计量经济学与预测等	SAS 提供了从基本统计数的计算到各种试验设计的方差分析，相关回归分析以及多变数分析的多种统计分析过程，几乎囊括了所有最新分析方法，其分析技术先进，可靠。分析方法的实现通过过程调用完成。许多过程同时提供了多种算法和选项。例如方差分析中的多重比较，提供了包括 LSD，DUNCAN，TUKEY 测验在内的 10 余种方法；回归分析提供了 9 种自变量选择的方法（如 STEPWISE，BACKWARD，FORWARD，RSQUARE 等）
KXEN	KXEN（Knowledge Extract Engine）全称为“知识提取引擎”，从公司的定位看，它是为了在企业应用中能够非常方便地将数据挖掘作为一部分，听起来它就像提供的是一种嵌入式的应用，可以被很多其他应用封装	KXEN 所有的算法都是基于 vapnik 的结构风险最小化（Structured Risk Minimization）理论，对于 vapnik，因其支持向量机（Support Vector Machine）理论而十分出名，SVM 也是近年来较为流行的算法，因此良好的泛化性（Robust）而得到广泛应用。KXEN 共有四个模块（robust regression，smart segmentation，association rule，time series）来解决回归 / 分类、分群（有监督，无监督）、关联规则、时间序列的问题

商业智能（BI）类工具有哪些?

BI 即商业智能，它是一套完整的解决方案，用来将企业中现有的数据进行有效的整合，快速准确地提供报表并提出决策依据，帮助企业做出明智的业务经营决策。如在数据展示时使用的工具有Tableau、Spotfire等，它们的功能如表7-2所示。

表 7-2　商业智能（BI）类工具简介

BI 工具	工具介绍	支持功能
Tableau	Tableau 将数据运算与美观的图表完美地嫁接在一起。它的程序很容易上手，各公司可以用它将大量数据拖放到数字“画布”上，转眼间就能创建好各地图表	Tableau Desktop 可以生动地分析实际存在的任何结构化数据，以在几分钟内生成美观的图表、坐标图、仪表盘与报告。 Tableau Server 是软件应用程序，将 Tableau Desktop 中最新的交互式数据可视化内容、仪表盘、报告与工作簿的共享变得迅速简便。 Tableby Reader 是免费的计算机应用程序，帮助查看内置于 Tableau Desktop 的分析视角与可视化内容
Spotfire	Spotfire 是新一代商业智能企业分析软件的领先供应商。Spotfire 产品为专业人士提供了数据可视化互动体验，可以帮助专业人士很快地发现新的、可操作的信息洞察力	Spotfire 为企业中销售、技术和科研的专家提供了分析数据和创建分析工具的平台。基于先进的可视化和人机交互界面，Spotfire 分析工具提供了独一无二的强大分析和可视化体验环境。与传统的 BI 平台不同，Spotfire 完全适应机构内的商业模式，给予 IT 一个可扩展的分析平台，让他们减轻工作量，以及减少他们需要支持的应用程序，除此之外，提供特殊的表格式的分析

数据挖掘编程类工具有哪些?

数据挖掘编程类工具可以用编写数据挖掘模型和数据挖掘算法。在数据挖掘时常用的编程类工具 Python、Go、R、Java 等，它们的功能如表 7-3 所示。

表 7-3 编程类语言简介

编程语言	工具介绍	应用领域 / 功能
Python	Python 是一种跨平台的计算机程序设计语言。是一种面向对象的动态类型语言，最初被设计用于编写自动化脚本（shell），随着版本的不断更新和语言新功能的添加，越来越多被用于独立的、大型项目的开发	Python 是一种解释型脚本语言，可以应用于以下领域：Web 和 Internet 开发；科学计算和统计；人工智能；教育；桌面界面开发；软件开发；后端开发
Java	Java 是一门面向对象编程语言，不仅吸收了 C++ 语言的各种优点，还摒弃了 C++ 里难以理解的多继承、指针等概念，因此 Java 语言具有功能强大和简单易用两个特征。Java 语言作为静态面向对象编程语言的代表，极好地实现了面向对象理论，允许程序员以优雅的思维方式进行复杂的编程	Java 是一门面向对象编程语言，在诸多领域都大放异彩：Android 应用；在金融业应用的服务器程序；网站；嵌入式领域；大数据技术；高频交易的空间；科学应用
R	R 是用于统计分析、绘图的语言和操作环境。R 是属于 GNU 系统的一个自由、免费、源代码开放的软件，它是一个用于统计计算和统计制图的优秀工具	R 语言功能包括：数据存储和处理系统；数组运算工具（其向量、矩阵运算方面功能尤其强大）；完整连贯的统计分析工具；优秀的统计制图功能；简便而强大的编程语言：可操纵数据的输入和输出，可实现分支、循环，用户可自定义功能
Go	Go（又称 Golang）是 Google 的 Robert Griesemer，Rob Pike 及 Ken Thompson 开发的一种静态强类型、编译型语言。Go 语言语法与 C 相近，但功能上有内存安全，GC（垃圾回收），结构形态及 CSP-style 并发计算	Go 语言适用于一下领域：服务器编程；分布式系统；网络编程；内存数据库；云平台；游戏服务端的开发

常用的数据挖掘算法

传统的数据算法在面对海量数据的时候，由于各种原因，执行效率低下，已经不能够满足人们日益增长的性能需求，需要寻找更加实用及更加高效的算法。本节介绍聚类算法、分类算法、回归类算法、关联规则算法四种常用的数据挖掘应用算法，如图 7-8 所示。

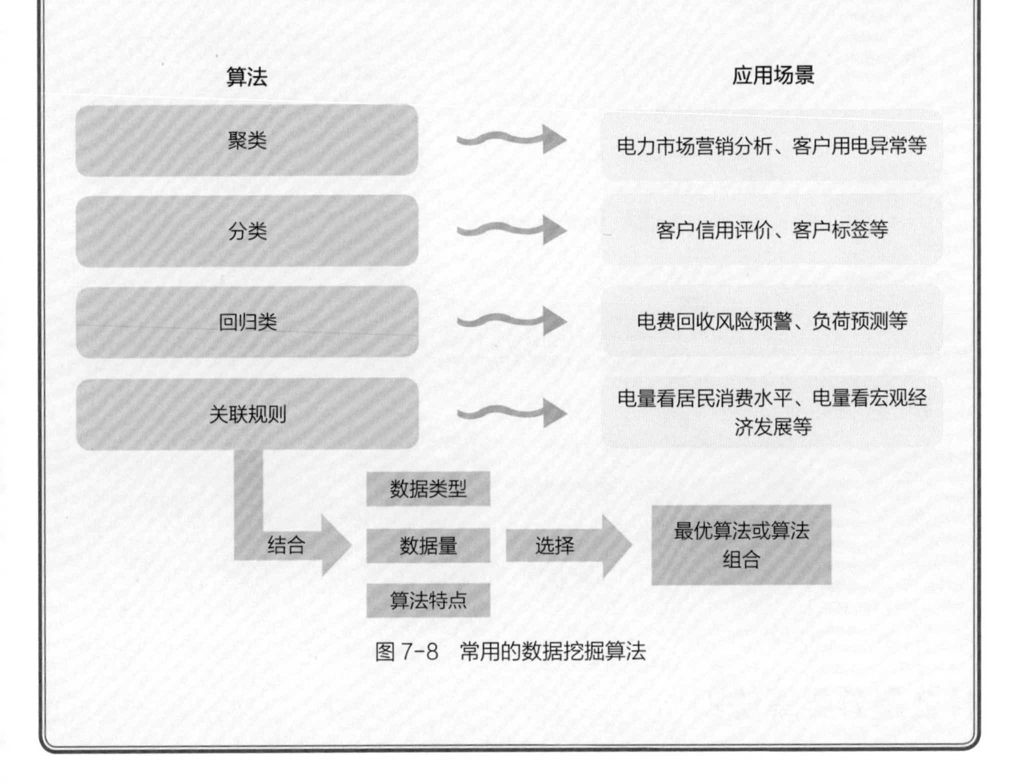

图 7-8　常用的数据挖掘算法

什么是聚类算法?

聚类算法是将数据划分成群组（簇）的过程，根据数据本身的自然分布性质，数据变量之间存在的程度不同的相似性（亲疏关系），按照一定的准则将最相似的数据聚集成簇。

像 K 均值聚类、均值漂移聚类、凝聚层次聚类等将有共同趋势或结构的数据进行分组聚类的算法叫做聚类算法，如图 7-9 所示。聚类算法多用于电力市场营销分析、客户用电异常等场景。

图 7-9　聚类算法

什么是分类算法？

分类算法就是应用已知的一些属性数据去推测一个未知的离散型的属性数据，而这个被推测的属性数据的可取值是预先定义的。

像朴素贝叶斯分类、逻辑回归、决策树等根据已分类资料的特性，将未分类或新的数据分类到不同组中的算法称为分类算法，如图 7-10 所示。分类算法多用于客户信用评价、客户标签等场景。

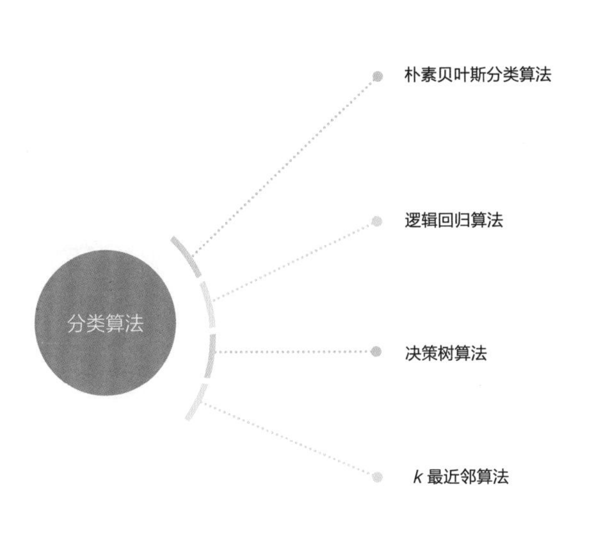

朴素贝叶斯分类算法模型发源于古典数学理论，有着坚实的数学基础。该算法是基于条件独立性假设的一种算法，当条件独立性假设成立时，利用贝叶斯公式计算出其后验概率，即该对象属于某一类的概率，选择具有最大后验概率的类作为该对象所属的类

逻辑回归算法是当前业界比较常用的机器学习方法，用于估计某种事物的可能性。它与多元线性回归同属一个家族，即广义线性模型。简单来说多元线性回归是直接将特征值和其对应的概率进行相乘得到一个结果，逻辑回归则是在这样的结果上加上一个逻辑函数

决策树算法是一种归纳分类算法，结果为一个树结构。每个非叶节点均为对一个属性的测试，输出结果为离散值，每个分支对应一个不同的离散值

如果一个样本在特征空间中的 *k* 个最相似（即特征空间中最邻近）的样本中的大多数属于某一个类别，则该样本也属于这个类别。该方法在定类决策上只依据最邻近的一个或者几个样本的类别来决定待分样本所属的类别

图 7-10　分类算法

什么是回归类算法？

回归类算法是应用已知的一些属性数据去推测一些未知的连续型属性数据，回归也称为回归预测。

像线性回归、逐步回归、岭回归和 Lasso 回归等根据各种相关关系进行连续量预测的算法称为回归类算法，如图 7-11 所示。回归类算法多用于电费回收风险预警、负荷预测等场景。

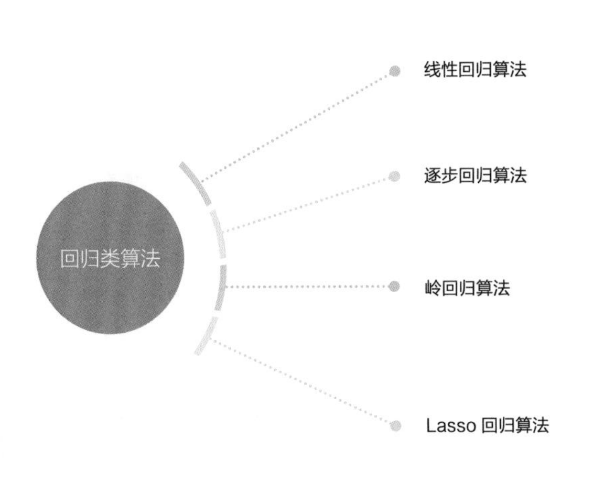

它是广泛为人所知的模型技术之一。线性回归常被选用在线性预测模型中，在这个模型中，因变量是连续的，自变量可以是连续或离散的，回归线的性质是线性的

当我们处理多个自变量时常使用这种形式的回归。在这种技术中，独立变量的选择是借助于自动过程完成的，其不用涉及人类干预

岭回归是一种专用于共线性数据分析的有偏估计回归方法，实质上是一种改良的最小二乘估计法，通过放弃最小二乘法的无偏性，以损失部分信息、降低精度为代价，获得回归系数更为符合实际、更可靠的回归方法

最小绝对值收敛和选择算子、套索算法。该方法是一种压缩估计。它通过构造一个罚函数得到一个较为精炼的模型，使得它压缩一些系数，同时设定一些系数为零，保留了子集收缩的优点

图 7-11　回归类算法

什么是关联规则算法?

关联规则是指大量数据项之间的有趣关联或相关关系。关联规则以事务为单位，事务由项组成，关联规则算法寻求的是项与项之间的关系。

如 Apriori 算法和 FP-growth 算法使用关联规则反应多个事务之间的关联性，如图 7-12 所示。关联规则算法多用于电量看居民消费水平、电量看宏观经济发展等场景。

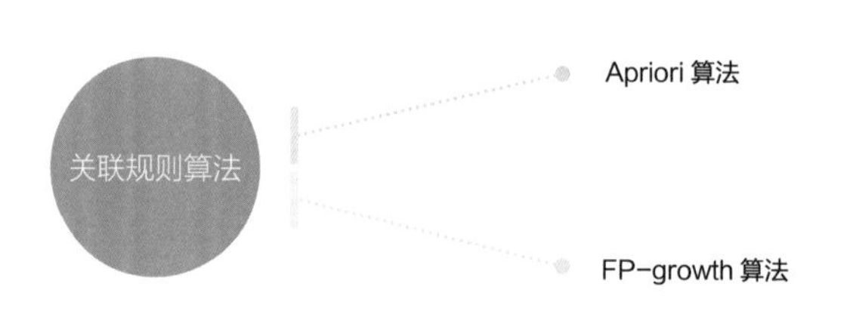
关联规则算法
Apriori 算法
FP-growth 算法
Apriori 算法是挖掘产生布尔关联规则所需频繁项集的基本算法，也是最著名的关联规则挖掘算法之一
FP-growth 算法使用了一种称为频繁模式树（Frequent Pattern Tree）的数据结构。FP-tree 是一种特殊的前缀树，由频繁项头表和项前缀树构成。FP-Growth 算法基于以上的结构加快整个挖掘过程

图 7-12　关联规则算法

8 数据增值

随着我国数据政策不断细化，数据产业的发展增速异常迅猛，规模持续扩大，传统行业对于数据的认识、接受明显提升，数据成为重要的生产要素，对海量数据的挖掘与应用已成为各行各业的发展重点。

对电网企业而言，顺应数据产业发展潮流，借鉴先进企业探索经验，立足自身数据应用探索成果，适时开展对外数据增值探索工作，深入挖掘外部企事业单位对电力数据的应用需求，是当下电网企业完成数字化转型的必然选择。

本章介绍数据增值内外部服务角度及商业模式等内容。

数据增值概述

什么是数据价值?

目前业界还没有公认的数据价值的准确定义，但在数据价值定义方面可以达成一些共识的是，数据是企业重要的资产，只要是资产，就存在价值。数据价值分成几个部分，财务价值是数据价值的重要组成部分，用来反映数据自身体现为资金流部分的价值，此外还有一些间接的、外部的价值。间接的数据价值包括数据在公司内部流通应用产生的工作提升、效率提升、成本降低的价值。数据外部价值包括数据对外交易价值、数据加工成特殊的数据产品和数据开发带来的价值。

通常，企业通过对海量数据进行挖掘分析，发现数据价值。然而，并非所有的数据都有价值，电网企业一般从公司层面和业务层面判断数据是否有价值，如图 8-1 所示。

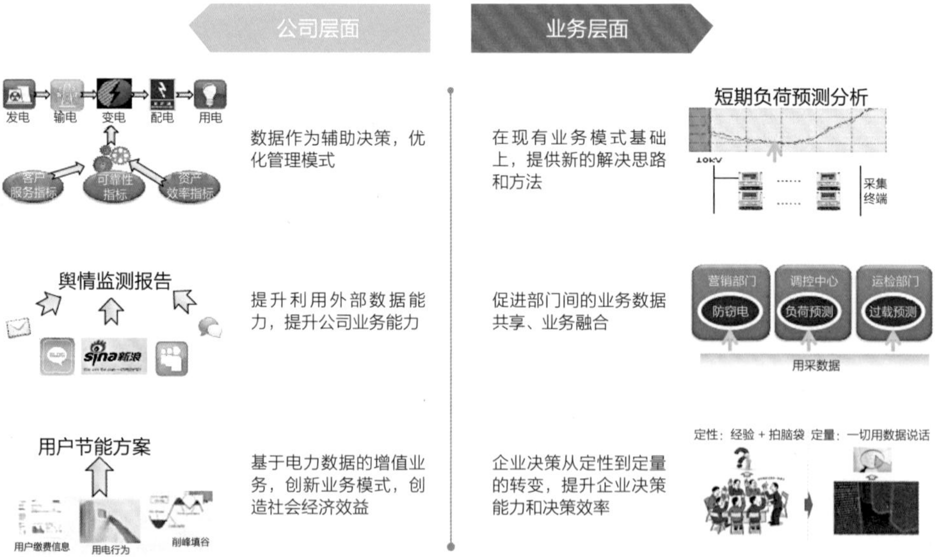

图 8-1　公司层面和业务层面的数据价值体现

什么是数据增值?

数据增值是指利用技术手段，对数据进行加工处理并应用在各个场景体现数据价值的过程，包括帮助企业创造营收、利用数据改善运作流程、辅助支撑企业决策、提高创新能力、增加企业社会价值、提升企业社会影响力等方面。

如利用客户用电地址、用电明细等电力数据，结合地价、人口等外部数据，运用统计推断、相关性分析等方法，构建面向政府、房地产企业和租售平台的数据应用场景，为政府、客户投资等方面提供决策支撑体现数据价值的过程，称为数据增值，如图 8-2 所示。

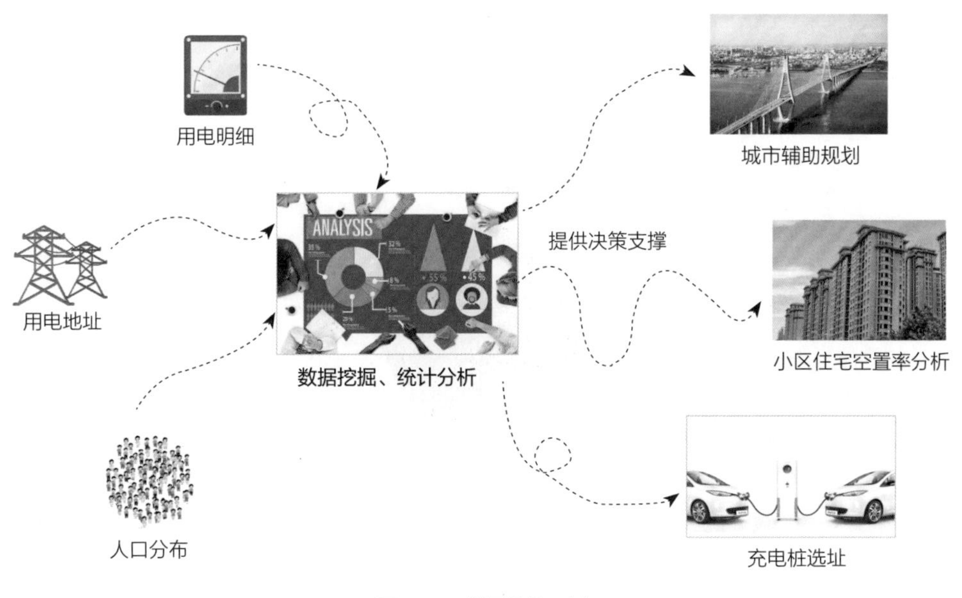

图 8-2　数据增值示例

数据增值的原则有哪些?

数据增值需要遵循需求导向、合作共赢、安全合规、生态优先原则。

（1）需求导向原则：数据增值应以实际需求为导向，能为政府、企业、居民及公司解决实际问题，确保落地实施。

（2）合作共赢原则：加强内外部合作，借鉴成熟的商业模式、技术体系和最佳实践，快速构建数据增值产品，实现合作共赢。

（3）安全合规原则：严格按照相关法律法规和规章制度开展数据增值工作，严防泄露个人隐私，确保安全合规。

（4）生态优先原则：依托服务和产品研发运营，着力打造电力数据商业化运营生态圈，做大做强产业，实现持续盈利。

什么是数据产品?

数据产品是指能够通过数据来帮助用户实现其某一个（些）目标的产品。数据产品是在数据科学项目中形成的，能够被人、计算机以及其他软硬件系统消费、调用和使用，并满足他们某种需求的产品。

像数据集、知识库、应用系统、硬件系统、服务、洞见、决策等在数据科学项目中形成的，能被人、计算机或其他软硬件系统消费和使用的，满足需求的产品称为数据产品，如图 8-3 所示。

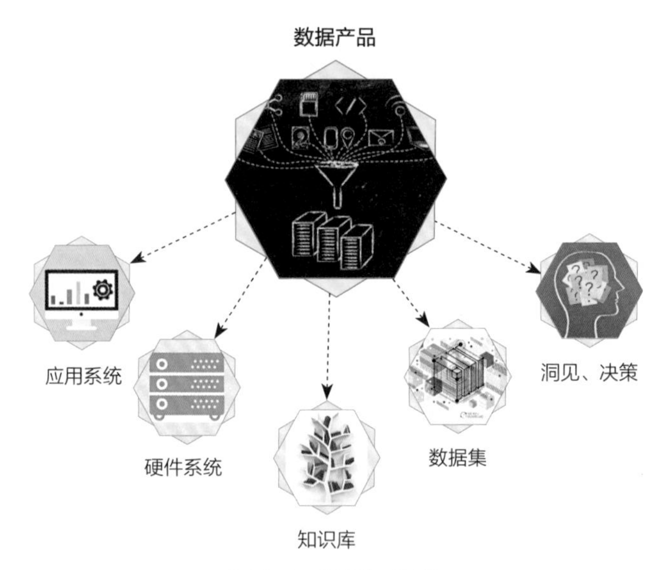

图 8-3　数据产品示例

数据产品有哪些类别?

数据产品根据加工程度不同可以分为内容、应用、服务和决策四个不同类别的产品，如图 8-4 所示。

（1）内容类产品：以数据为载体的产品，即对输入数据进行一定的加工处理之后得到的结果，如新的数据库、知识库和语料库等。

（2）应用类产品：以数据密集型应用系统为载体的产品，如 App、网站或桌面应用等。

（3）服务类产品：以数据驱动型服务为主的产品，如咨询报告、解决方案及实施指南等。

（4）决策类产品：以数据为中心的决策，主要指数据视角下的战略规划、规章制度、洞见与行动等。

图 8-4　数据产品的类别示例

什么是数据服务?

数据服务是通过对组织的内外部数据的统一加工和分析，结合公众、行业和组织的需要，以数据分析结果的形式对外提供跨领域、跨行业的数据服务。

数据服务是数据价值体现最直接的手段，也是衡量数据价值的方式之一，通过良好的数据服务对内提升组织的效益，对外更好地服务公众和社会。数据服务的提供可以有多种形式，包括数据分析结果、数据服务调用接口、数据产品或数据服务平台等，具体服务的形式取决于组织数据的战略和发展方向，如图 8-5 所示。

数据服务的流程有哪些?

数据服务的流程一般包括数据服务需求分析、数据服务开发、数据服务部署、数据服务监控和数据服务授权等流程，如图 8-6 所示。

（1）数据服务需求分析：需要有数据分析团队来分析外部的数据需求，并结合外部的需求提供数据服务目标和展现形式，形成数据服务需求分析文档。

（2）数据服务开发：数据开发团队根据数据服务需求分析对数据进行汇总和加工，形成数据产品。

（3）数据服务部署：部署数据产品，对外提供服务。

（4）数据服务监控：能对数据服务有全面的监控和管理，实时分析数据服务的状态、调用情况、安全情况等。

（5）数据服务授权：对数据服务的用户进行授权，并对访问过程进行控制。

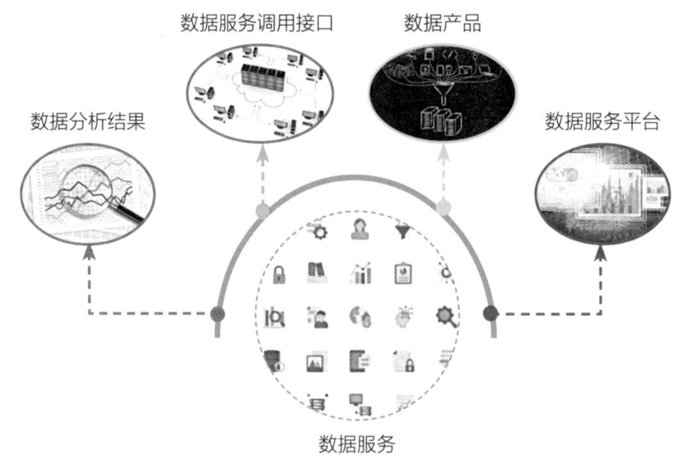

图 8-5　数据服务示例

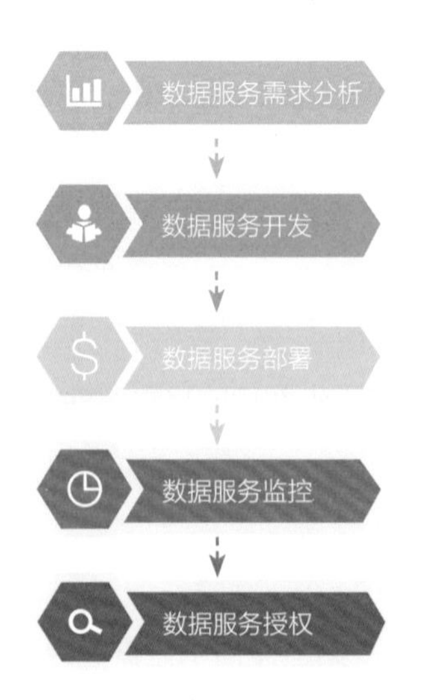

图 8-6　数据服务的流程

数据增值的内部服务视角

数据增值的内部服务视角是指电力数据对于推动公司提质增效、精益管理、风险防范等方面的应用价值，如图 8-7 所示。本节主要介绍电力数据增值的内部途径。

精准营销

- 电力大客户价值分级
- 电能替代潜力客户识别
- 电商平台精准营销
- 乡村电气化潜力用户识别

风险防范

- 电费风险预测
- 电能表运行误差诊断
- 营销业务差错筛查
- 洪涝灾害预警分析
- 潜在服务风险识别
- 电能表故障趋势分析
- 窃电追补电量分析
- 配电变压器设备故障率预测
- 窃电精准识别
- 计量检定装置失准预警
- 异常电价识别
- 户变关系异常诊断
- 充电设施故障诊断
- 台区线损异常定位
- 主网设备运行风险预警分析
- 采集故障智能诊断
- 充电设施故障预测
- 高风险作业预警
- 变电设备缺陷研判分析

增值服务

- 用电营商环境分析
- 电力信用分
- 电采暖隐患诊断

精准投资

- 客户渠道引流
- 乡镇供电所任务调度优化
- 交费渠道效能分析
- 技改设备投资效果分析
- 充电站（桩）选址
- 主变压器设备质量评估
- 配电变压器重过载预测分析
- 配电变压器设备质量评估
- 计量装置质量评估
- 配网精准投资分析
- 乡镇供电所效能评估
- 主网设备全生命周期成本分析

精益管理

- 配网停电分析
- 居民电能表状态评价
- 台区拓扑识别
- 采集故障处置智能调度
- 营配数据智能核查
- 电能表运行状态评价
- 台区健康状态评估
- 台区线损区间评估
- 供应商动态评价
- 大客户电能表状态评价
- 台区经理效能评估
- 运检作业人员能效分析
- 客户评级
- 交费渠道偏好分析
- 售电量预测
- 供需匹配及协同度分析
- 客户行为分析
- 业务热点识别
- 供电服务能力评估
- 开关柜状态评估
- 客户诉求识别
- 计量器具需求预测
- 充电设施状态评价
- 三相不平衡分析

图 8-7　电力数据增值的内部服务视角

精准营销方面

电力数据增值在电力企业精准营销方面包含电力大客户价值分级、电能替代潜力客户识别、电商平台精准营销、乡村电气化潜力用户识别等。

如结合用电信息、缴费行为、专家评分等数据，从经济价值、发展潜力、信用价值、社会价值等多维度，综合评估高压客户的价值等级，为大客户服务人员制定差异化服务策略以及企业优化资源配置提供依据。

精准投资方面

电力数据增值在电力企业精准投资方面包含客户渠道引流、交费渠道效能分析、充电站（桩）选址、配电变压器重过载预测分析、主变压器设备质量评估、配电变压器设备质量评估、配网精准投资分析等。

如根据海量客户供电质量诉求，通过地址、户号、GIS 等关联要素，关联追溯至客户所在变台和线路，利用大数据分析技术诊断变台或线路的供电质量和能力问题，定位客户反映强烈且应优先改造变台或线路，为发展、设备专业精准配网投资及提升客户用电感知营造条件。

精益管理方面

电力数据增值在电力企业精益管理方面包含配网停电分析、营配数据智能核查、客户评级、行为分析、业务热点识别、售电量预测、台区健康状态评估等。

如基于营销业务、生产管理、地理信息等数据，利用 SG-CIM 模型和知识图谱技术，实现配网拓扑自动构建和异常数据智能识别，并结合电网调度、用电信息采集等数据构建网架修正模型，实现网架数据的智能辅助修正，为营配贯通数据质量治理人员提供智能治理工具。

风险防范方面

电力数据增值在电力企业风险防范方面包含电费风险预测、潜在服务风险识别、窃电精准识别、采集故障智能诊断、配电变压器设备故障率预测、变电设备缺陷研判分析等。

如利用客户档案、电费电量、用电负荷曲线等数据，结合窃电行为特征分析，构建专变和低压动力用户窃电识别模型，精准识别窃电行为，助力窃电精准查处。

增值服务方面

电力数据增值在电力企业增值服务方面包含用电营商环境分析、电力信用分析、电采暖隐患诊断等。

如汇集营销、调度、生产、95598 客户服务等电力数据，构建用电客户感知模型，创新综合服务评价分析体系，可在进行供电可靠性、业扩受限分析、客户用电感知、政企协作等方面发挥作用，助力优化营商环境。

数据增值的外部服务视角

数据增值的外部服务视角是指电力数据对于服务政府科学决策、企业智慧运营、服务居民等方面的应用价值，如图 8-8 所示。本节主要介绍电力数据增值的外部途径。

服务政府科学决策

- 经济管理部门（发改、经信…）：智慧电眼指数；行业动能指数；行业复工率分析；招商引资效果评估；报关异常监测
- 城乡建设部门（住建、资源…）：城乡协同发展指数；住宅空置率分析；产业布局诊断；城市辅助规划；楼宇空置率分析
- 生态民生部门（生态、民政…）：电力旅游发展指数；环保停复工监测；居民生活水平指数；精准扶贫成效评估；网格化环境监测；用电环保指数
- 其他政府部门（人行、税务…）：电力证券指数；空壳企业监测；信贷投放效果监测；暴恐活动甄别；偷税漏税监测；种毒制毒识别

服务企业智慧运营

- 金融领域（融资、信贷、保险…）：清洁能源补贴融资分析；信贷反欺诈；供应链融资风控；授信辅助；电力设备定保分析；贷后预警；电力车辆定保分析；发电企业融资分析
- 能源服务领域（综合能源、新能源…）：光伏电站异常诊断；水损分析及窃水识别；多能互补潜力客户识别；节能改造潜力客户识别；企业用能优化分析
- 其他领域（商圈、家电…）：企业多维信用评估；区域经济洞察；电力杆塔共享分析；家电精准营销；电动汽车精准营销

服务居民趣味用能

- 居民领域：小区人气指数；居民流动指数；亮度指数；空巢老人监护；家庭电器级能耗分析；绿色用能指数；多能互补用能优化；能耗异常告警

图 8-8　电力数据增值的外部服务视角

服务政府方面

电力数据增值在服务政府方面包含经济管理部门领域、城乡建设部门领域、生态民生部门领域和其他政府部门领域。经济管理部门领域产品包括智慧电眼指数、行业动能指数、行业复工率分析、招商引资效果评估、报关异常检测；城乡建设部门领域产品包含城乡协同发展指数、住宅空置率分析、产业布局诊断、城市辅助规划、楼宇空置率分析；生态民生部门领域产品包括电力旅游发展指数、环保停复工监测、居民生活水平指数、精准扶贫成效评估、网格化环境监测、用电环保指数；其他政府部门领域相关产品包括电力证券指数、空客企业监测、信贷投放效果监测、暴恐活动甄别、偷税漏税监测等。

如使用历史用电量、用电负荷等数据，构建贫困户电力消费评估模型，分析贫困人口的生活状况，辅助政府民政部门评估贫困户生活状态，识别真正贫困户，实现精准扶贫。

服务企业方面

电力数据增值在服务企业方面包含金融领域、能源服务领域和其他领域。金融领域相关产品包括清洁能源补贴融资分析、供应链融资风控、电力设备定保分析、电力车辆定保分析、信贷反欺诈、授信辅助、贷后预警、发电企业融资分析；能源服务领域产品包括光伏电站异常诊断、水损分析及窃水识别、多能互补潜力客户识别、节能改造潜力客户识别、企业用能优化分析；其他领域产品包括企业多维信用评估、区域经济洞察、电力杆塔共享分析、家电精准营销、电动汽车精准营销。

如挖掘高耗能企业用能行为，基于企业档案信息、用能数据以及经济发展数据，按照行业、地区、时间等维度构建企业用能画像，为高耗能企业提供用能优化建议、节能改造方案服务、生产规划及库存管理决策。

服务居民方面

电力数据增值在服务居民方面的产品包括小区人气指数、居民流动指数、亮度指数、空巢老人监护、家庭电器级能耗分析、绿色用能指数、多能互补用能优化、能耗异常警告。

如通过定时监测居民家庭的用能情况，发掘居民用能习惯，对比分析居民客户的历史用电情况，在能耗出现异常时候及时提醒客户进行用能自查，避免损失及事故。

数据增值的商业模式

无论对于互联网企业、电网企业、电信运营商还是数量众多的初创企业而言，寻求正确的数据增值的商业模式显得尤为重要，如图 8-9 所示。本节主要介绍电网企业中数据增值的商业模式。

图 8-9　数据增值的商业模式示例

数据服务增值

数据服务增值以接口方式向用户提供经过安全合规审查的原始数据或分析挖掘结果数据，可按提供次数、数据量等进行收费。如利用企业业扩报装数据、用电情况数据、经营数据、工商信息等数据，分析发掘企业用能情况，识别真实经营情况，辅助商业银行贷前反欺诈审查。

数据服务增值的典型场景如信贷反欺诈、授信辅助、贷后预警等产品，以接口方式向商业银行提供贷款管理相关数据。

咨询服务增值

咨询服务增值以定制化分析报告的形式向用户提供咨询服务，可按提供份数、会员制等进行收费。如基于行业用电数据、产量数据、销量数据等相关数据，利用交叉相关、聚类等分析方法，构建行业动能分析模型，分析典型行业上下游发展情况和趋势，并对行业用电量增长趋势以及上下游发展状况进行研判，为相关行业协会以及发改委等政府部门提供行业发展规划参考。

咨询服务增值的典型场景如用电景气指数、行业动能指数、住房空置率分析等产品，以定制化分析报告形式向政府部门或商业机构提供咨询服务。

合作收益分成

合作收益分成将数据分析与用户业务进行融合，实现精准营销、提质提效、开源节流；可根据收益情况与用户进行分成，包括固定比例、浮动收益等。如将车联网平台、用电信息采集系统、营销业务应用系统、客户服务系统等内部数据与小汽车摇号平台等外部客户中签数据进行大数据分析，通过客户参与营销业务活动全触点的数据化关联分析模型，构建业务分析模型，缩小电动汽车的潜在购买客户范围，电动汽车销售企业可以借助定向广告推送等方式，实现目标客户的精准营销。

合作收益分成的典型场景如基于用户画像，精准定位目标用户，开展新用户发掘和交叉营销。

9 数据管理

众所周知，数据是企业的重要资源，伴随着大数据时代支撑数据交换共享和数据服务应用的技术发展，不断积淀的数据开始逐渐发挥它的价值。但事实上，如果缺乏恰当有效的管理手段，数据也可能会成为一项负债。数据管理是推动大数据与实体经济深度融合、新旧动能转换、经济转向高质量发展阶段的重要工作内容。企业通过对数据进行管理可以提供更好的产品和服务、降低成本、控制风险、辅助决策。

本章介绍数据管理的基本概念、数据管理的职能和数据管理的组织等内容。

数据管理的基本概念

什么是数据管理?

数据管理是规划、控制和提供数据及信息资产的一系列业务职能，包括开发、执行和监督有关数据的计划、政策、方案、项目、流程、方法和程序，从而控制、保护、交付和提高数据和信息资产的价值。

数据管理的目标是什么?

数据管理是企业的重要资产，是信息和知识的基础，数据管理的主要驱动力是企业能够从其数据资产中获取价值。

数据管理的目标是:

（1）理解并支撑企业及其利益相关方的信息需求得到满足;

（2）获取、存储、保护和确保数据资产的完整性;

（3）不断提高数据和信息的质量;

（4）确保隐私和保密，防止数据和信息未经授权或不恰当地被使用;

（5）确保数据和信息资产的有效利用和价值最大化。

数据管理的原则有哪些?

数据管理的原则一般包括:

（1）数据和信息是有价值的企业资产;

（2）确保数据有足够的质量、安全性、完整性、保障、可用性、可理解性并得到有效利用;

（3）数据资产是数据管理人员之间共同承担的责任;

（4）数据管理是一系列业务职能，也是一门相关学科;

（5）数据管理是 IT 领域内的一个新兴和正在逐步成熟的职业。

数据管理的职能

数据管理的职能包括数据标准管理、数据模型管理、元数据管理、主数据管理、数据质量管理、数据安全管理、数据价值管理以及数据共享管理八个方面，如图 9-1 所示。

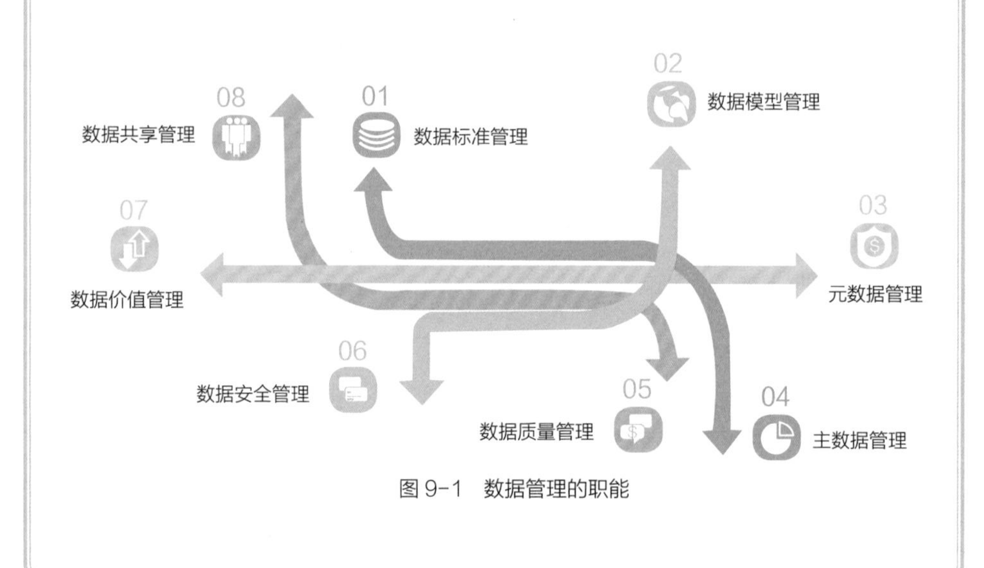

图 9-1　数据管理的职能

什么是数据标准管理?

数据标准管理是指数据标准的制定和实施的一系列活动，关键活动包括：

（1）理解数据标准化需求；

（2）构建数据标准体系和规范；

（3）规划制定数据标准化的实施路线和方案；

（4）制定数据标准管理办法和实施流程的要求；

（5）建设数据标准管理工具，推动数据标准的执行落地；

（6）评估数据标准化工作的开展情况。

数据标准管理的目标是通过统一的数据标准制定和发布，结合制度约束、系统控制等手段，实现企业数据平台数据的完整性、有效性、一致性、规范性，推动数据的共享开放，构建统一的数据资产地图，为数据管理活动提供参考依据。

什么是数据模型管理?

数据模型管理是指在信息系统设计时，参考业务模型，使用标准化用语、单词等数据要素来设计企业数据模型，并在信息系统建设和运行维护过程中，严格按照数据模型管理制度，审核和管理新建数据模型。数据模型的标准化管理和统一管控，有利于指导企业数据整合，提高信息系统数据质量。数据模型管理包括对数据模型的设计、数据模型和数据标准词典的同步、数据模型审核发布、数据模型差异对比、版本管理等。数据模型管理的关键活动包括:

（1）定义和分析企业数据需求;

（2）定义标准化的业务用语、单词、域、编码等;

（3）设计标准化数据模型，遵循数据设计规范;

（4）制定数据模型管理办法和实施流程的要求;

（5）建设数据模型管理工具，统一管控企业数据模型。

数据模型是数据管理的基础，一个完整、可扩展、稳定的数据模型对于数据管理的成功起着重要的作用。通过数据模型管理可以清楚地表达企业内部各种业务主体之间的数据相关性，使不同部门的业务人员、应用开发人员和系统管理人员获得关于企业内部业务数据的统一完整视图。

什么是元数据管理?

元数据管理是数据管理的重要基础，是为获得高质量的、整合的元数据而进行的规划、实施与控制行为。元数据管理的关键活动包括:

（1）理解企业元数据管理需求;

（2）开发和维护元数据标准;

（3）建设元数据管理工具;

（4）创建、采集、整合元数据;

（5）管理元数据存储库;

（6）分发和使用元数据;

（7）元数据分析（血缘分析、影响分析、数据地图等）。

元数据管理内容描述了数据在使用流程中的信息，通过血缘分析可以实现关键信息的追踪和记录，通过影响分析可以帮助了解分析对象的下游数据信息，快速掌握元数据变更可能造成的影响，有效评估变化该元数据带来的风险，逐渐成为数据管理发展的关键驱动力。

什么是主数据管理?

主数据管理是一系列规则、应用和技术，用以协调和管理与企业的核心业务实体相关的系统记录数据。主数据管理的关键活动包括：

（1）理解主数据的整合需求；

（2）识别主数据的来源；

（3）定义和维护数据整合架构；

（4）实施主数据解决方案；

（5）定义和维护数据匹配规则；

（6）根据业务规则和数据质量标准对收集到的主数据进行加工清理；

（7）建立主数据创建、变更的流程审批机制；

（8）实现各个关联系统与主数据存储库数据同步；

（9）方便修改、监控、更新关联系统主数据变化。

主数据管理通过对主数据值进行控制，使得企业可以跨系统地使用一致的和共享的主数据，提供来自权威数据源的协调一致的高质量主数据，降低成本和复杂度，从而支撑跨部门、跨系统数据融合应用。

什么是数据质量管理?

数据质量管理是指运用相关技术来衡量、提高和确保数据质量的规划、实施与控制等一系列活动。数据质量管理工作中的关键活动包括：

（1）开发和提升数据质量意识；

（2）定义数据质量需求；

（3）剖析、分析和评估数据质量；

（4）定义数据质量测量指标；

（5）定义数据质量业务规则；

（6）测试和验证数据质量需求；

（7）确定与评估数据质量服务水平；

（8）持续测量和监控数据质量；

（9）管理数据质量问题；

（10）分析产生数据质量问题的根本原因；

（11）制定数据质量改善方案；

（12）清洗和纠正数据质量缺陷；

（13）设计并实施数据质量管理工具；

（14）监控数据质量管理操作程序和绩效。

通过开展数据质量管理工作，企业可以获得干净、结构清晰的数据，是企业开发数据产品、提供对外数据服务、发挥数据价值的必要前提，也是企业开展数据管理的重要目标。

什么是数据安全管理？

数据安全管理是指对数据设定安全等级，按照相应国家 / 组织相关法案及监督要求，通过评估数据安全风险、制定数据安全管理制度规范、进行数据安全分级分类，完善数据安全管理相关技术规范，保证数据被合法合规，安全地采集、传输、存储和使用。企业通过数据安全管理，规划、开发和执行安全政策与措施，提供适当的身份以确认、授权、访问与审计等功能。

数据安全管理的关键活动包括：

（1）理解数据安全需求及监管要求；

（2）定义数据安全策略；

（3）定义数据安全标准；

（4）定义数据安全控制及措施；

（5）管理用户、密码和用户组成员；

（6）管理数据访问视图与权限；

（7）监控用户身份认证和访问行为；

（8）定义数据安全强度，划分信息等级；

（9）部署数据安全防控系统或工具；

（10）审计数据安全。

数据安全管理的目标是建立完善的体系化的安全策略措施，全方位进行安全管控，通过多种手段确保数据资产在“存、管、用”等各个环节中的安全，做到“事前可管、事中可控、事后可查”。

什么是数据价值管理？

数据价值管理是对数据内在价值的度量，可以从数据成本和数据应用价值两方面来开展。数据成本一般包括采集、存储和计算的费用和运维费用。数据成本管理从度量成本的维度出发，通过定义数据成本核算指标、监控数据成本产生等步骤，确定数据成本优化方案，实现数据成本的有效控制。数据价值主要从数据资产的分类、使用频次、使用对象、使用效果和共享流通等方面计量。数据价值管理从度量价值的维度出发，选择各维度下有效的衡量指标，对针对数据连接度的活性评估、数据质量价值评估、数据稀缺性和时效性评估、数据应用场景经济性评估，并优化数据服务应用的方式，最大可能性地提高数据的应用价值。

进行数据价值管理的关键性活动包括：

（1）确定企业数据集成度水平；

（2）确定企业数据的应用场景；

（3）确定数据存储、计算和运维的成本预算；

（4）明确数据成本和收益的具体计量指标；

（5）计算数据在不同应用场景下的成本和收益；

（6）计算企业数据资产的总体成本和收益；

（7）制定数据成本优化方案和提升数据增值方案；

（8）审核、改进方案。

什么是数据共享管理？

数据共享管理主要是指开展数据共享和交换，实现数据内外部价值的一系列活动。数据共享管理包括数据内部共享（企业内部跨组织、部门的数据交换）、外部流通（企业之间的数据交换）、对外开放。数据内部共享的关键步骤是打通企业内部各部门间的数据共享瓶颈，建立统一规范的数据标准与数据共享制度，数据外部流通和对外开放可以通过提供数据服务、咨询服务等方式实现，将数据中符合共享开放层级的信息作为应用商品，以合规安全的形式完成共享交换或开放发布。

数据共享管理的关键性活动包括：

（1）定义数据资产内部共享和运营流通监控指标；

（2）设计数据资产内部共享和运营流通管理方案；

（3）制定数据资产内部共享和运营流通管理办法和实施流程的要求；

（4）监控数据资产内部共享和运营实施；

（5）监督落实数据内部共享与外部流通等合规性管理的要求；

（6）分析内部共享与运营流通指标，评价运营效果并改进。

数据管理软件工具有哪些？

数据管理实践、实施过程中，需要依托专业的数据管理软件工具来执行。随着技术的发展，软件工具的自动化、智能化程度不断提高，机器学习和人工智能在数据管理中的作用越来越大。业界开发了相关软件工具，对应数据管理的八个职能分别有数据标准管理工具、数据模型管理工具、元数据管理工具、主数据管理工具、数据质量管理工具、数据安全管理工具、数据价值管理工具、数据共享管理工具八类工具，这八类工具既能单独应用呈现，又能相互组合形成包括多种功能的数据管理软件平台，主要功能将分别介绍。

（1）数据标准管理工具。

数据标准制定及维护工具规范数据格式、命名的准确性和口径的一致性，该工具针对数据标准管理职能而开发，需具备以下基础功能：

①标准生成：可按照业务领域、业务主题、信息分类、信息项等生成标准细则；

②标准映射：可以将制定的标准与实际数据进行关联映射，即实现数据标准的落地执行，维护标准与元数据之间的落地映射关系，包括元数据与数据标准的映射、元数据与数据质量的映射，以及数据标准和数据质量的映射，能提供在线的手工映射配置功能，并能对映射结果做页面展示；

③变更查询：是指查询发布或废止的标准的变更轨迹；

④映射查询：是指查询标准项与元数据之间的落地情况并提供下载功能；

⑤维护标准：是指对标准状态进行管理，包括增删改、审核、定版、发布、废止等；

⑥标准版本查询：是指对发布状态的标准进行版本管理；

⑦标准导出：是指按照当前系统中发布的最新标准或者选择版本来下载标准信息；

⑧标准文档管理：是指对标准相关说明文档或手册的管理，包括创建、修改、链接查询等。

（2）数据模型管理工具。

针对企业在不同业务发展阶段建设的一个个烟囱式系统，最大的挑战莫过于系统集成过程中数据模型的不一致，解决这个问题的唯一方法就是从全局入手，设计标准化数据模型，构建统一的数据模型管控体系，数据模型管理工具负责对企业数据模型的管理、比对、分析、展示提供技术支撑，需要提供统一、多系统、基于多团队并行协作的数据模型管理。解决企业数据模型管理分散，无统一的企业数据模型视图、数据模型无有效的管控过程，数据模型标准设计无法有效落地、数据模型设计与系统实现出现偏差等多种问题。该工具针对数据模型管理职能而开发，需具备以下基础功能：

①数据模型设计：支持对于新建系统的正向建模能力，还应支持对原有系统的逆向工程能力，通过对数据模型进行标准化设计，能够将数据模型与整个企业架构保持一致，从源头上提高企业数据的一致性；

②模型差异稽核：提供数据模型与应用数据库之间自动数据模型审核、稽核对比能力，解决数据模型设计与实现不一致而产生的“两张皮”现象，针对数据库表结构、关系等差别形成差异报告，辅助数据模型管理人员监控数据模型质量问题；提升数据模型设计和实施质量；

③数据模型变更管控：支持数据模型变更管控过程，提供数据模型从设计、提交、评审、发布、实施到消亡的在线、全过程、流程化变更管理。同时，实现各系统数据模型版本化管理，自动生成版本号、版本变更明细信息，可以辅助数据模型管理人员管理不同版本的数据模型。通过工具可以简单回溯任意时间点的数据模型设计状态以及数据模型设计变更的需求来由，实现各系统数据模型的有效管控，强化用户对其数据模型的掌控能力；

④模型可视化：支持将管理的数据模型 E-R 图（实体关系图）转换为图片、

数据建模脚本（DDL）等可视化展示形式，方便数据模型管理人员以全局视角监控系统中各类数据实体结构及实体间关系。

（3）**元数据管理工具。**

元数据管理工具可以了解数据分布及产生过程，该工具针对元数据管理职能而开发，需具备以下基础功能：

①元数据采集：能够适应异构环境，支持从传统关系型数据库和大数据平台中采集从数据产生系统到数据加工处理系统再到数据应用报表系统的全量元数据，包括过程中的数据实体（系统、库、表、字段的描述）以及数据实体加工处理过程中的逻辑，也可通过自动化的方式完成元数据采集，比如用户维护好数据源连接信息后，可以根据数据源的更新频率，设定元数据同步周期，元数据管理会根据数据源的连接信息、同步周期以及开始时间，定时自动解析、获取、并更新元数据信息，保证平台元数据信息的及时有效；

②元数据识别：能够从本身不包含元数据信息的数据（比如非结构化数据）中提取特征，并以此识别元数据；

③元数据分类：能够根据业务特点和管理需要，动态分类元数据，包括技术元数据、业务元数据和管理元数据等；

④元数据展示：能够根据类别、类型等信息展示各个数据实体的信息及其分布情况，展示数据实体间的组合、依赖关系，以及数据实体加工处理上下游的逻辑关系；

⑤元数据应用：能够利用元数据发现数据之间的关联性，一般包括数据地图、数据血缘分析、影响分析、全链分析、热度分析等；

⑥元数据搜索：可根据数据源库、类型等搜索元数据信息。

（4）**主数据管理工具。**

主数据管理工具用来定义、管理和共享企业主数据信息，可通过数据整合工具（如 ETL 工具）或专门的主数据管理工具来实施主数据管理，具有企业级主数据存储、整合、清洗、监管以及分发等五大功能，并保证这些主数据在各个信息系统间的准确性、一致性、完整性。简单说来，存储、整合是数据的“入口”，分发为数据的“出口”，而中间的清洗与监管将担负起数据质量提升的重要任务。该工具针对主数据管理职能而开发，需具备以下基础功能：

①主数据存储、整合：实现主数据整合、清洗、校验、合并等功能，根据企业业务规则和企业数据质量标准对收集到的主数据进行加工和处理，用于提取分散在各个支撑系统中的主数据集中到主数据存储库，合并和维护唯一、完整、准确的主数据信息；

②主数据管理：支持对企业主数据的操作维护，包括主数据申请与校验、审批、变更、冻结 / 解冻、发布、归档等全生命周期管理；

③主数据分析：实现对主数据的变更情况监控，为主数据系统管理员提供对主数据进行分析、优化、统计、比较等功能；

④主数据分发与共享：实现主数据对外查询和分发服务，前者用于在其他系统发出针对主数据实时响应类查询请求时，返回所需数据，后者则用于提供批量数据分发服务，一般采用企业服务总线（ESB/SOA 工具）实现方式。

（5）**数据质量管理工具。**

数据质量管理工具从数据使用角度监控管理数据的质量，针对数据质量管理职能而开发，需具备以下基础功能：

①质量需求管理：对数据使用过程中产生的问题进行收集、存储、分类并提供查询检索功能，为质量规则的制定提供依据；

②规则设置：能够提供稽核规则设置功能，用于设置一个稽核规则应用于哪类数据；

③规则校验：能够对所关注的数据执行数据质量规则的校验任务；

④任务管理：能够提供稽核任务调度功能，指定稽核任务周期执行；

⑤监控分析：对规则校验的结果进行监控和分析，校验结果能够定位到原始数据项；

⑥质量报警：能够对质量问题及时进行报警，避免数据污染的发生，造成成本或业务损失；

⑦报告生成：能够对校验结果的质量问题进行记录，积累形成问题知识库，并生成报告，在此基础上，能够根据检核结果，生成对问题数据的质量提高建议，并可直接操作修改数据。

（6）**数据安全管理工具。**

数据安全管理工具是结合数据安全的技术手段保证数据资产使用和交换共享

过程中的安全。数据管理人员开展数据安全管理，是指执行数据安全政策和措施，为数据和信息提供适当的认证、授权、访问和审计，以防范可能的数据安全隐患，需具备以下基础功能：

①数据获取安全：能够支持数据获取需要经过申请与审批流程，保障数据获取安全；

②数据脱敏：能够支持数据脱敏规则、脱敏算法及脱敏任务的管理及应用，一般情况下，脱敏方式有动态脱敏和静态脱敏两种；

③统一认证：定义数据安全策略，定义用户组设立和密码标准等；

④租户隔离：管理用户、密码、用户组和权限；

⑤角色授权：划分信息等级，使用密级分类模式，对企业数据和信息产品进行分类；

⑥日志审计：审计数据安全，监控用户身份认证和访问行为，支持经常性分析；

⑦异常监控：指对账号异常行为的监控，如同一账号异地登录、同时多 IP 登录、多次重复登录等；

⑧数据分类分级：能够支持对数据资产安全进行敏感分级管理，并支持根据各级别生成对应的数据安全策略。

（7）数据价值管理工具。

数据价值管理通过对数据内在价值的评估、数据成本和收益的管理，实现数据资产化管理，需具备以下基础功能：

①数据需求分析：通过数据库或者数据平台的各种数据分布分析和访问状态分析，协助数据管理人员对数据生命周期管理策略，有效发现和挖掘当前数据平台或者数据库中历史数据增长最快的关键数据，同时，为管理业务部门需求，满足业务部门对数据使用的要求提供有效的数据化支撑；

②数据价值评估：依据数据需求分析，建立合适的数据价值评估模型，主要包括数据成本和收益的评估方法、评估指标等，并支持对数据价值评估方法与各项指标的动态更新；

③数据成本管理：能够完成数据成本（主要包括存储成本和计算成本等）的优化，并给出影响成本的分析报告（如包含重复计算、代码质量差等）；

④数据收益管理：能够动态调整数据收益评价指标，依据指标对数据应用进

行全流程管理，增加数据收益；

⑤数据服务价值：通过构建的数据服务目录、授权数据服务等有效完整地记录数据服务信息，并最终生成数据服务报告，展示数据服务的价值；

⑥数据价值统计：能够可视化展示数据使用的一段时间内的统计视图，展现数据使用和成本的变动。

（8）**数据共享管理工具。**

数据共享管理工具是指在数据管理平台上提供数据或数据分析结果的服务，包括企业内部数据共享和外部数据流通，通过构建数据服务目录、授权数据服务等有效完整地记录数据服务信息，最终生成数据服务报告，展示数据服务的价值，需具备以下基础功能：

①数据服务目录：能够精确地展示各目录下能够提供的数据服务类型、服务流程、数据资源目录等，数据资源目录能够按照业务要求和企业标准，自定义构建数据资源目录层级，并描述数据资产相关属性，包括表级属性（如表名、目录、更新周期、业务类别等）和字段结构（如字段名称、字段类型、字段长度等）；

②数据服务目录版本管理：能够记录数据服务目录变更版本信息，包括具体变更情况；其中数据服务目录可以通过元数据关联导入，在元数据有变更时，自动同步；

③数据共享和流通：提供数据下载、共享、流通及服务接口等，支持按共享属性（如无条件共享、有条件共享、不共享等）对数据资源目录下的数据进行分类，支持直接 / 间接模式提供数据和数据分析结果；

④其他功能：数据共享服务可以通过“数据超市”的形式开展，用户通过订阅具体数据服务获取和使用数据。

数据管理的组织

数据管理的组织架构主要由数据资产管理委员会、数据资产管理中心和各业务部门构成。为了让组织架构中的各个角色相互配合，各司其职，还需要明确他们相应的职责，让工作职责融入日常的数据管理和使用工作中。组织架构划分和角色设定如图 9-2 所示。

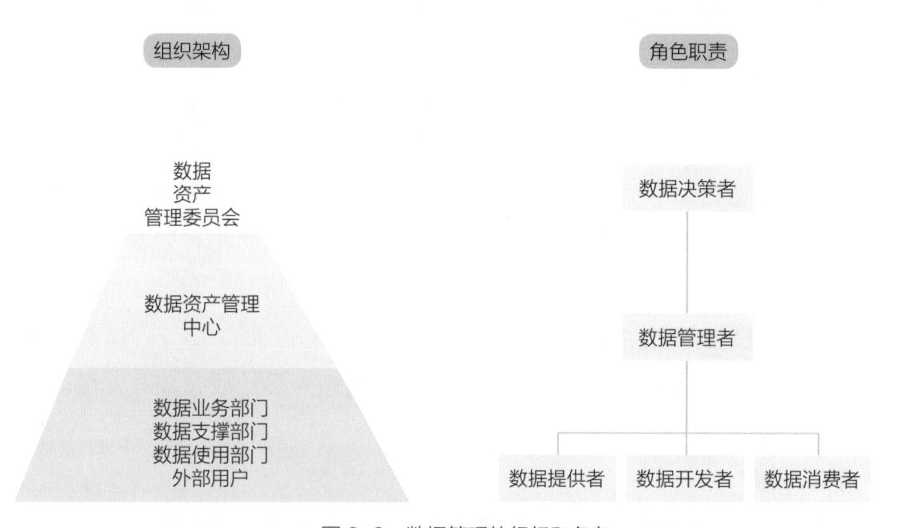

图 9-2　数据管理的组织和角色

本节介绍数据管理的组织机构和数据管理的相关角色。

数据管理组织机构

（1）数据资产管理委员会。

组织机构组成：由公司主管领导和各业务部门领导组成。

主要职责：

①负责领导数据管理工作。

②负责决策数据管理重大工作内容和方向。

③在数据角色方出现问题时负责仲裁。

（2）数据资产管理中心。

组织机构组成：由数据资产管理中心机构的平台运营人员组成。

主要职责：

①负责牵头制定数据管理的政策、标准、规则、流程，协调认责冲突。

②监督各项数据规则和规范的约束的落实情况。

③负责数据管理平台中整体数据的管控流程制定和平台功能系统支撑的实施。

④负责数据平台的整体运营、组织、协调。

（3）各业务/技术部门。

组织机构组成：由相关数据所有人、权限管理人员、数据开发人员、数据使用人员（包括内容用户和外部用户）组成。

主要职责：

①数据提供者配合制定相关数据标准、数据制度和规则，遵守和执行数据标准管控相关的流程，根据数据标准要求提供相关数据规范，是数据出现质量问题时的主要责任者。

②数据开发者负责数据开发，有责任执行数据标准和数据质量内容，负责从技术角度解决数据质量问题，是数据出现质量问题时的次要责任者。

③数据消费者作为数据管理平台数据的使用者，负责反馈数据效果，是数据管理平台数据闭环流程的发起人。

数据管理相关角色

数据管理相关角色包含数据决策者、数据管理者、数据提供者、数据开发者和数据消费者。

（1）**数据决策者。**

数据决策者归属于数据资产管理委员会，需要熟悉组织行为学、产品、财务知识，具备团队管理、商业分析与判断、数据和战略规划能力。

（2）**数据管理者。**

数据管理者归属于数据资产管理中心，需要具备项目管理、关联管理、质量管理能力，具备项目规划、跟踪和控制、风险识别与管控、敏捷项目管理、沟通与执行和产品规划能力。

（3）**数据提供者。**

数据提供者归属于各业务 / 技术部门，需要熟悉 ITIL 理论、业务能力、操作系统技术、网络、应用架构，具备资源规划和成本控制、质量管理、数据库和过程 / 规范设计能力，同时具备一定的大数据平台运营能力。

（4）**数据开发者。**

数据开发者归属于各业务 / 技术部门，需要熟悉行业系统和工具、组件，数据传输、存储、计算和分析，运营支持系统，运维效率和监控的相关知识；具备系统规划和设计、技术开发、数据分析和建模、测试设计能力，具备一定的开发运维一体化与大数据平台开发能力。

（5）**数据消费者。**

数据消费者归属于各业务 / 技术部门，需要熟悉数据处理、业务能力、技术知识，具备数据规划、产品应用、数据分析、技术应用和模型与算法研发能力。

10 数据平台

随着互联网、物联网技术的快速发展，越来越多的企业开始使用数据平台承载内、外部的数据处理工作。所谓数据平台，是指以现有的信息化系统为基础，开辟各系统间的数据通道，对历史的、现在的、分散的业务数据进行整合，充分利用现有资源，迅速激活大量数据信息，提高企业数据利用效率，挖掘企业数据价值，促进企业管理决策水平。

例如，在信息化部门的实际应用中，使用较为广泛的数据平台包括云平台、数据中台；在工业生产部门和企业，物联管理平台发挥的作用也越来越重要。这些平台或单独使用，或组合在一起联合使用，向企业提供了丰富的选择和应用。

电力行业就是充分利用了云平台、数据中台和物联管理平台，实现了将电力用户及其设备、电网企业及其设备、发电企业及其设备、供应商及其设备以及人和物连接起来，产生共享数据，为用户、电网、发电、供应商和政府社会服务。以电网为枢纽，发挥平台和共享作用，为全行业和更多市场主体发展创造更大机遇，提供价值服务。

本章主要介绍常用的数据平台的概念、能力和应用。

云平台的基本概念

什么是云计算?

从技术领域解释，云计算是由分布式计算、并行处理、网格计算发展来的，指的是通过“云”将巨大的数据计算处理程序分解成无数个小程序，然后通过多台服务器组成的系统进行处理和分析这些小程序得到结果并返回给用户。

这朵“云”后面不是一个超级计算机，而是由大量的基础设施构成，包含大量服务器、网络设备、存储设备、安全设备，共同组成的一个分布式服务器集群。用户向“云”发送的每一个操作请求，都被按照一定的算法规则分解成很多小的运算任务，发给不同的机器同时执行，当所有运算完成后，这朵“云”又会把结果整合反馈给用户从而完成一次“云”计算，如图 10-1 所示。

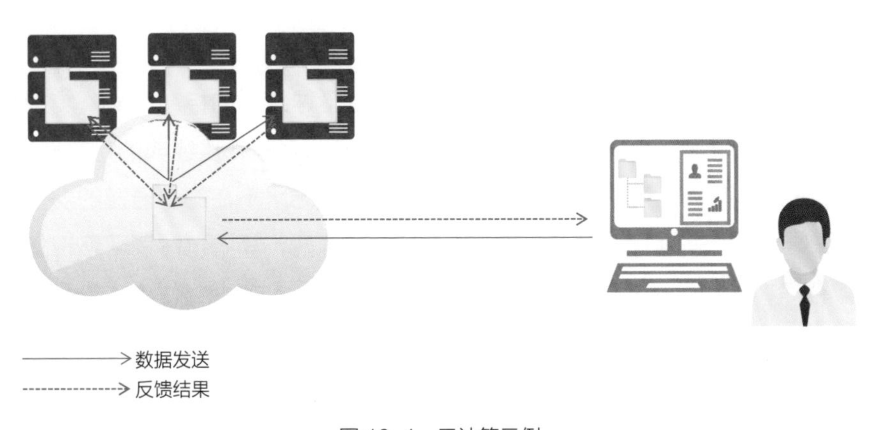

图 10-1　云计算示例

什么是云存储?

云存储是一种以数据存储和管理为核心的云技术系统，该系统允许用户将海量文件上传至云端。

云存储就是面向海量数据规模的分布式存储服务。使用者可以在任何时间、任何地方，透过任何可联网的装置连接到云上方便地存取数据。同时云的存储容量和处理能力可进行弹性扩展，并可根据不同的需求选用不同能力的存储服务。

如生活中使用的百度网盘、iCloud 就是云存储的例子，都是将储存资源放到云上供用户存取的一种新兴方案，如图 10-2 所示。

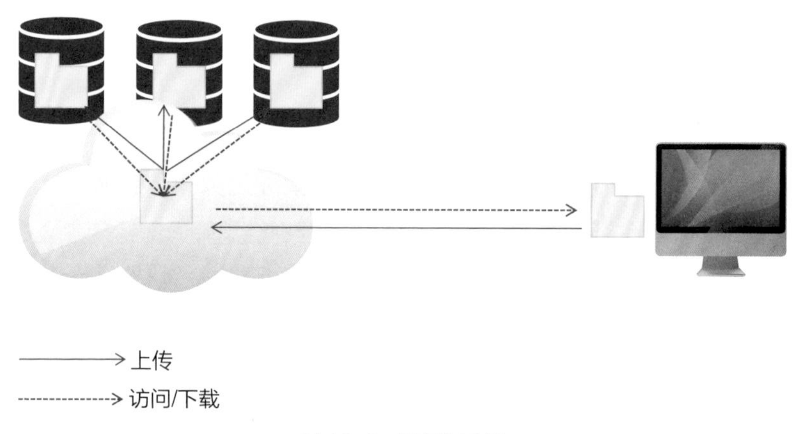

图 10-2　云存储示例

什么是云平台?

云平台是一个在不断发展中的概念，尚未有全球统一的标准定义。美国国家标准与技术研究所（NIST）对“云计算”给出了一个权威且经典的定义：“所谓云计算，就是这样一种模式，该模式允许用户通过无所不在的、便捷的、按需获得的网络接入到一个可动态配置的共享计算机资源池（其中包括了网络设备、服务器、存储、应用以及业务），并且以最小的管理代价或者业务提供者交互复杂度即可实现这些可配置计算资源的快速发放与发布”。而平台通常指基础设施、数据库、中间件和软件等操作环境。因此，根据目前业界基本达成的共识，云平台也叫云计算平台，是指基于硬件资源和软件资源的服务平台，为用户提供计算、网络和存储能力。

当用户部署应用系统，需要硬件资源和软件资源时，用户只需要通过网络发送请求就可以从云端获取满足需求的资源，不必再过多关注硬件设备采购、上架、安装、部署和软件问题，这些全由云平台的专业运维、运营团队去解决，他们在云上进行动态资源扩展和软件升级。用户需要做的就是通过网络访问方式，连接到位于远端云数据中心内的虚拟化资源和相关服务，并支付云上的资源和服务所产生的费用。“云”就像自来水厂、发电厂一样，我们可以随时用水用电，并且不限量，按照自己家的用水用电量，付费给自来水厂、发电厂就可以，如图 10-3 所示。

云平台类似自来水，不需要家家户户自产自来水，需要用水的话，直接打开水龙头就行，需要关心的只有水费而已

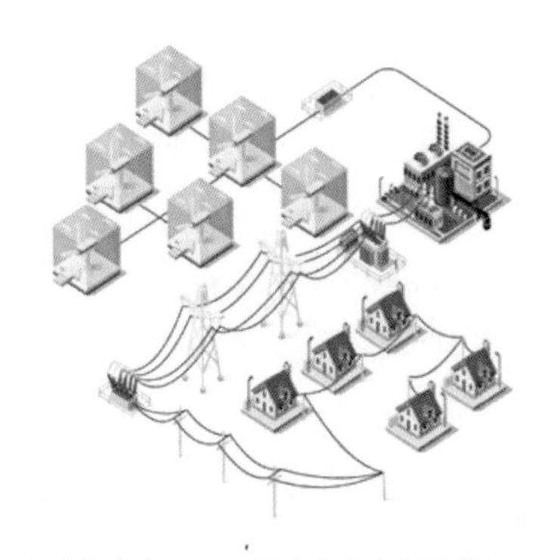

云平台类似电力，不需要家家户户都有发电机，需要用电的话直接从电力公司购买就可以

图 10-3　云平台和自来水、电力的类比

为什么要有云平台？

企业 IT 云化的演进经历了传统 IT →虚拟化→融合资源池→云平台等不同的阶段。在传统 IT 架构中，集群规模较小，一般使用商业定制软件，存储 / 计算资源标准复杂，业务部署呈现烟囱状，业务交互困难，资源利用率低。经过技术的发展，如今的云计算平台已经能够实现低成本、大资源池、高可扩展性地支撑上层应用，同时简化了上层应用部署和平台维护的难度，极大地提高了计算资源的利用效率，如图 10-4 所示。

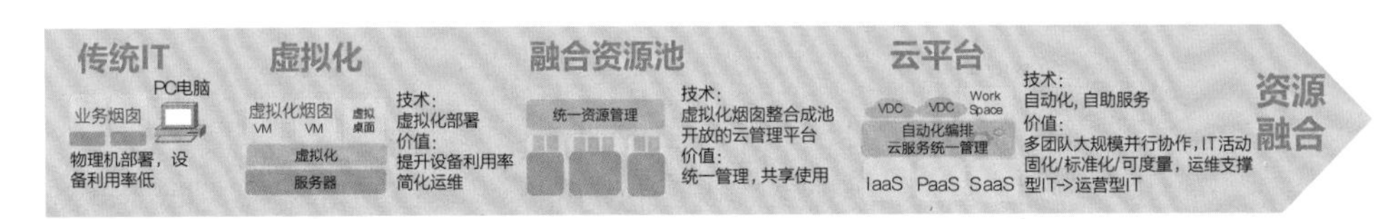

图 10-4　企业 IT 云化的演进

云平台具备哪些能力？

按照功能划分，云平台能力可以分为基础设施即服务（IaaS）、平台即服务（PaaS）、软件即服务（SaaS）、持续构建、平台运维、平台运营、统一云管、安全服务八个方面。

（1）基础设施即服务（Infrastructure as a Service，简称 IaaS）：是整个云平台的“底座”。云平台将 IT 基础设施作为一种服务通过网络对外提供，并根据用户对资源的实际使用量或占用量进行计费的一种服务模式。主要服务内容包括计算服务、存储服务和网络服务。比如提供虚拟机、云硬盘、裸金属服务器等资源。

（2）平台即服务（Platform as a Service，简称 PaaS）：是把软件研发的平台作为一种服务提供的商业模式。云平台为各类业务应用提供通用软件类支撑。包括中间件服务、数据库服务、大数据与人工智能等服务。比如 Tomcat、Oracle、MySQL、Hadoop、人工智能等平台服务。

（3）软件即服务（Software as a Service，简称 SaaS）：是通过网络提供软件服务。云平台提供给客户的服务，是运行在云计算基础设施上的应用程序，用户可以在各种设备上通过客户端界面访问，而不需要管理或控制任何云计算基础设施。比如网上国网 App、支付宝、美团、12306、淘宝、天猫等软件服务。

（4）持续构建能力：云平台提供持续构建的能力，覆盖应用开发、测试、交付等全生命周期过程。可以支撑系统集成与系统部署，实现开发运维一体化，包括开发平台、自动集成、自动化测试、自动化发布、云研发协同等服务。

（5）平台支撑能力：云平台提供平台支撑能力，实现对云平台及所承载的业务应用的监控和运维。平台支撑包括配置管理、统一日志服务、资源监控、服务监控、业务监控、调用链监控、事件处理等服务。

（6）平台运营能力：云平台提供平台运营的能力，实现建立云平台的运营门户，统一用户使用云平台的服务入口。平台运营方面包括服务目录、账户管理、服务开通、计量计费、租户管理、资源编排、容量规划、SLA 配置、配额管理等功能。

（7）统一云管能力：云平台提供统一云管的能力，实现对部署在不同地域的云进行统一管理及跨域的资源调配。统一云管提供集中式控制界面，可控制云平台中的每个组件资源，进行资源权限分配和资源调配，包括资源权限管理、资源视图、跨域资源调度等功能。

（8）安全服务能力：云平台提供安全服务的能力，实现对云平台及所承载业务应用的安全防护。通过主机安全、虚拟网络安全、边界安全、访问控制、日志审计、密码服务、安全基线、态势感知等能力，构建可控云安全防护体系，保障云上各类业务和数据安全稳定运行，如图 10-5 所示。

图 10-5 某大型电网企业云平台能力

云平台有哪些应用特点？

物理机到云平台的演进如图 10-6 所示。云平台包含按需供给、应用快速发布部署、弹性伸缩、跨域协同计算、故障自愈、开发运维一体化、多租户隔离等应用特点。

（1）资源按需供给：云平台可为各类业务系统按需供给基础资源，解决应用上线时资源到位慢、资源利用率低等问题。

（2）应用快速发布部署：云平台支持应用程序包从发布到部署全过程自动化，大幅缩短系统上线部署周期。

（3）资源弹性伸缩：云平台实现业务系统负载资源需求的动态调度能力，提高业务负载变化响应能力。

（4）跨域协同计算：云平台提供数据的跨域计算能力，实现从“搬数据”向“搬计算”转变，提高业务系统在应用一级部署、数据两级存储架构下的计算实时性。

（5）系统故障自愈：当业务系统运行发生故障时，云平台可以在其他服务器上实现应用自动恢复，提升业务系统使用的连续性。

（6）开发运维一体化：云平台提供业务系统从开发、测试到生产运行的闭环环境，支撑业务系统所需的快速迭代和全生命周期管理，提高对业务需求的响应速度。

（7）多租户隔离：云平台在资源、数据、应用三个层面提供多租户逻辑隔离，保证不同租户在不相互干扰的基础上实现充分的共享复用，节省资源，降低运维的成本。

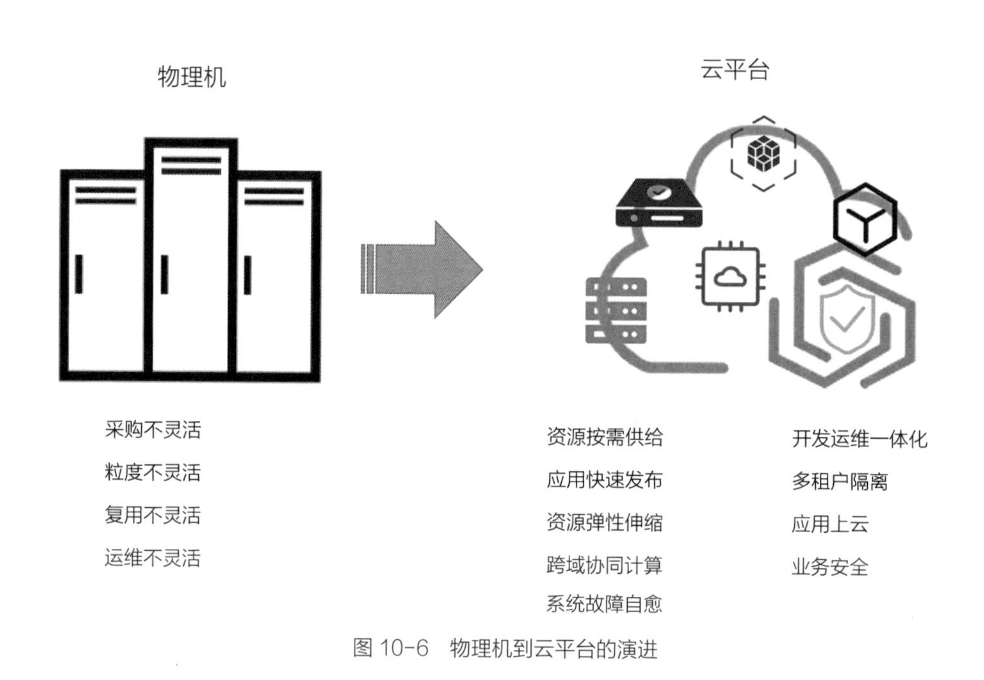

图 10-6　物理机到云平台的演进

数据中台的基本概念

什么是数据中台？

数据中台是一个在不断发展中的概念，尚未有统一的标准定义，本书按照业界流行的说法进行归纳。在理念上，数据中台是一套可持续“让企业的数据用起来”的机制，是一种战略选择和组织形式，是依据企业特有的业务模式和组织架构，通过有形的产品和实施方法论支撑，构建的一套持续不断把数据变成资产并服务于业务的机制。在形态上，数据中台整合了数据集成、安全管理、数据资产管理、数据研发管理和统一数据服务等数据管理工具，实现对海量数据进行采集、清洗、标准化、存储、计算，并以服务的方式对外提供数据，让数据服务于业务。

对于用户来说，数据中台就好比一个连接食材和客户需求的“中央厨房”，如图 10-7 所示。而数据就像来自各个渠道，各种不同类别的食材。中央厨房（数据中台）需要统筹协调对食材（数据）的采购、加工、制作、销售、安全等各个生

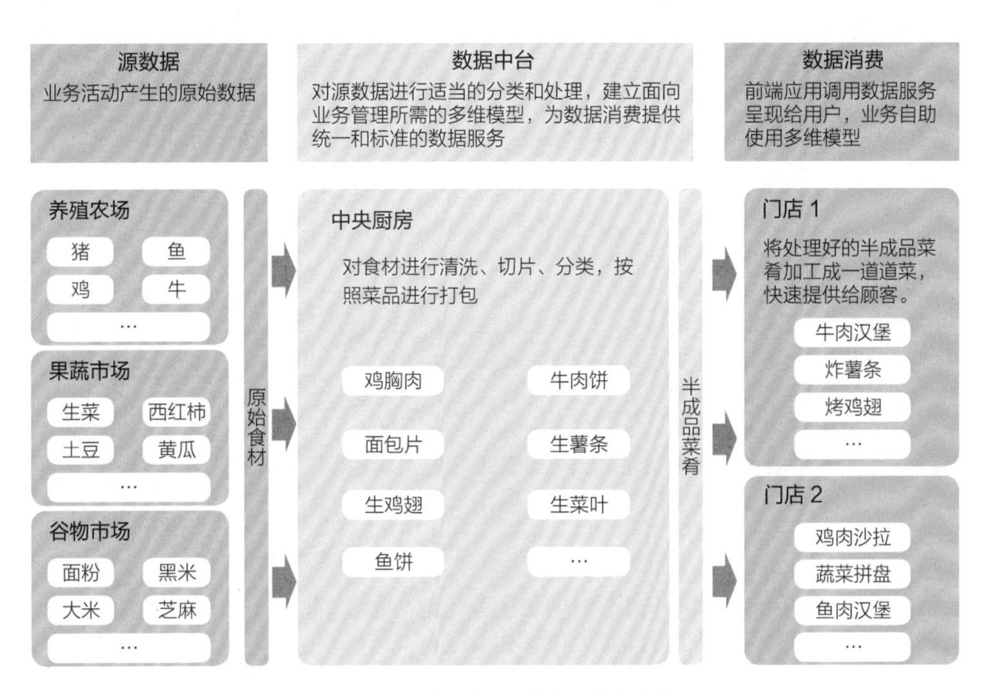

图 10-7　数据中台和中央厨房的类比

产环节，对各种食材（数据）进行集中式的清洗、配料、烹饪、沉淀食材资源（数据服务能力）。同时，深入了解客户的需求，提供精细化服务，提升中央厨房的核心能力（沉淀并对外提供更多有价值的数据服务）。

为什么要有数据中台?

中台是相对于传统平台架构中的前台和后台提出的。大多数企业的后台系统，在创建之初的目标，并不是主要服务于前台系统创新，而更多地是为了实现后端资源的数字化管理，解决企业管理的效率问题。这类系统要不就是建设期花大价钱外购，需要每年支付大量的服务费，并且版本老旧、定制化困难；要不就是花大价钱自建，年久失修，一身的补丁，同样变更困难，也是企业所谓的“遗留系统”的重灾区。

此时的前台和后台就像是两个不同转速的齿轮，前台由于要快速响应前端用户的需求，讲究的是快速创新迭代，所以要求转速越快越好。而后台由于面对的是相对稳定的后端资源，而且老系统陈旧复杂，甚至还受到法律法规审计等相关合规约束，所以往往是稳定至上，越稳定越好，转速也自然是越慢越好。

中台就像是在前台与后台之间添加的一组“变速齿轮”，将前台与后台的速率进行匹配，是前台与后台的桥梁。有了“中台”既可以将早已臃肿不堪的前台系统中的稳定通用业务能力“沉降”到中台层，为前台减肥，恢复前台的响应力；又可以将后台系统中需要频繁变化或是需要被前台直接使用的业务能力“提取”到中台层，赋予这些业务能力更强的灵活度和更低的变更成本，从而为前台提供更强大的“能力炮火”支援。

数据中台作为中台的重要一员，是企业数字化转型的基础，就像企业的数据加工厂。数据中台的出现弥补了“数据开发和应用开发之间，由于开发速度不匹配出现的响应力跟不上”的问题，通过全面汇集公司数据资源、统一数据标准后进行存储，形成数据资产化管理，进而为业务提供敏捷高效的服务。

在数据资产上，数据中台为企业提供强大的数据资产的获取和存储的能力，通过规划和治理，将传统的中心化、控制式的数据治理方式，转变为去中心化、服务式的治理方式。在数据服务上，通过服务的构建和治理，提供可被记录、可被跟踪、可被审计、可被监控的数据服务。在业务价值上，不仅要建立到源数据的通道，还需要提供分析数据的工具和能力，帮助业务人员去探索和发现数据的业务价值，最终实现“数据业务化”。

数据中台建设前后对比如图 10-8 所示。

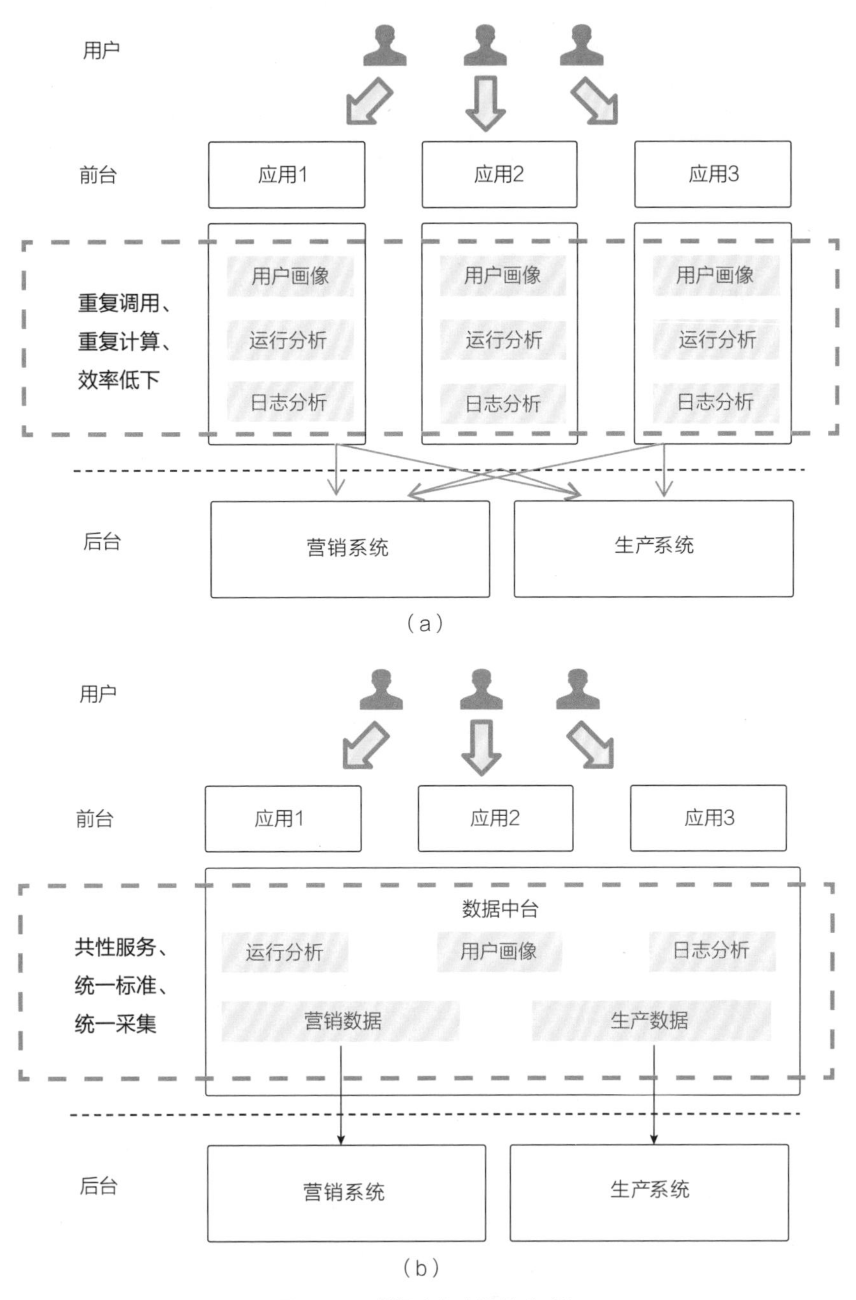

图 10-8　数据中台建设前后对比

(a) 数据中台建设前的系统架构；(b) 数据中台建设后的系统架构

数据中台有哪些能力？

数据中台围绕各类数据分析型应用需求，沉淀共性数据服务能力，使得公司各专业、各基层单位和外部合作伙伴可以很方便地使用数据中台的数据共享服务。

以某大型电网企业为例，其数据中台的能力主要包括数据接入、存储计算、数据应用（数据分析、数据服务）、数据管理（数据资产管理、运营管理）四个方面。

（1）数据接入：负责支撑全量、增量、实时数据采集，支持结构化、半结构化和量测类数据的接入。源端可以是各类业务系统、终端设备和外部第三方服务提供商。其中数据交换能力应具备横向和纵向级联数据传输能力。

（2）存储计算：包括分布式数据库和大数据平台，提供海量结构化、消息、量测数据的接入、存储、计算能力。数据中台是按照应用的实际需求，将同一份数据分别多次存储在不同性能和特点的数据库中，用空间换时间，并提升数据使用的便利性。

① 如果需要大规模离线计算，通常选择 MPP（Massively Parallel Processing，大规模并行处理）、MapReduce（是面向大数据并行处理的计算模型、框架和平台，运行在分布式系统上）等；

②如果对数据时效性要求较高，通常会采用 RDS（Relational Database Servic，关系型数据库服务）事务数据库；

③如果需要对海量实时数据进行实时计算，通常会采用分布式消息队列和流计算引擎组合方案，比如 Kafka（Apache 软件基金会开发的一个开源流处理平台，一种高吞吐量的分布式发布订阅消息系统）+Flink（Apache Flink，是一种流处理框架，其核心是用 Java 和 Scala 编写的分布式流数据流引擎），以及其他根据不同的场景选择合适的技术架构。

（3）数据应用：包括数据分析、数据服务。

①数据分析是为分析模型和分析算法提供管理，为数据报表与可视化展示提供工具集；

②数据服务通过数据服务目录实现安全、友好、可控的对内对外数据服务统一访问，提供 Restful 等各类形式的 API 服务接口的统一注册、管理和调度。

（4）数据管理：包括数据资产管理和数据运营管理。

①数据资产管理主要包含数据资产目录、标签管理、数据模型管理、数据质

量管理相关的产品和服务，实现对数据资产的统一管理，确保数据在共享和使用过程中的全面性、准确性、一致性；

②数据运营管理主要包含基于统一的数据运营管理体系实现对中台及中台支撑的业务应用之间的数据链路监测、监控告警、任务调度、安全管理和数据开发相关的产品和服务。如图 10-9 所示。

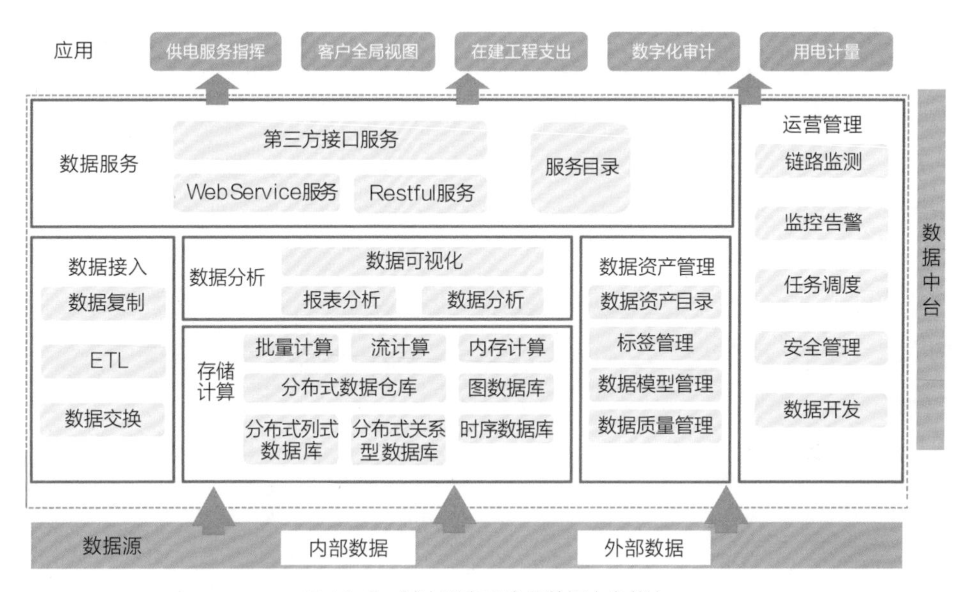

图 10-9　某大型电网企业数据中台能力

数据中台的应用特点有哪些？

数据中台通过沉淀通用数据服务能力，通过统一数据服务为各专业、各单位提供数据共享和分析应用服务，支撑横向跨专业间、纵向不同层级间数据共享、分析挖掘需求。

（1）统一数据目录服务。通过数据资源盘点、联接、规范管理，形成企业级“数据资产”，将杂乱无序、非标准化的业务系统数据统一进行标签化处理，按照业务主题域、业务系统、应用场景等多种维度分类管理，构建统一的数据资源目录，让业务人员更快速地理解数据，让技术人员更快速地定位数据，让管理人员更快速地共享数据。

（2）跨业务数据分析服务。通过聚合公司各专业核心业务数据并进行标准化存储，解决传统信息系统建设过程中，因“烟囱式”架构导致的数据隔离、数据不一致等问题，消除“数据孤岛”，统一为业务分析提供所需要的“数据石油”。同时，借助于数据中台提供的数据一站式开发平台及算法分析工具，面向各个业务部门或单位提供通用、易用、实用的数据计算和分析能力，确保前端业务“轻量化”，避免出现重复开发带来的效率及成本等问题。

（3）统一数据展示服务。数据中台通过集成可视化工具，面向各业务部门及单位提供统一的数据展示服务平台，实现数据从提取到展示的统一输出，链接数据准备、开发、计算到分析展示的“最后一公里”，支撑“轻量级”数据产品输出。从管理角度，统一了数据来源和管理链路，降低管理成本，提高管理效率；从应用角度，统一了应用手段和展示风格，降低应用成本，提升整体形象。

（4）数据安全服务。数据中台的设计充分考虑了数据安全问题，提供了一套完整的安全服务体系，涉及数据采集、传输以及共享应用等全链路过程，做到架构上安全合理，技术上安全可行，流转上层层加密，业务上安全脱敏。

物联管理平台的基本概念

随着工业物联网时代的到来，物联网和万物互联的概念已经深入人心，特别是对于工业生产部门和企业，物联网技术的应用必将推动生产力的发展。相应的，承载物联网技术的物联管理平台应运而生。

什么是物联网？

物联网（The Internet of Things，简称 IoT）是指通过各种信息传感器、射频识别技术、全球定位系统、红外感应器、激光扫描器等各种装置与技术，实时采集任何需要监控、连接、互动的物体或过程，采集其声、光、热、电、力学、化学、生物、位置等各种需要的信息，通过各类可能的网络接入，实现物与物、物与人的泛在连接，实现对物品和过程的智能化感知、识别和管理，如图 10-10 所示。物联网是一个基于互联网、传统电信网等的信息承载体，它让所有能够被独立寻址的普通物理对象形成互联互通的网络。

如过去家中开关跳闸以后需要电话报修，由检修人员前去检修，现在采用智能开关，开关内嵌入监测跳闸的传感器，跳闸后传感器将跳闸信息自动上报，检修人员通过系统在客户报修之前即已经知道发生跳闸的位置和原因，主动开展抢修，效率和客户满意度均获得了提升，这里“传感器 + 网络 + 业务应用”就是最简单的物联网实例。实际上断电的原因非常多，变压器故障、线路故障、电费用完等，这就需要在不同的位置安装传感器，所有信息都会上报，系统就可以依据这些信息判断问题所在，指导做出相应的处置，这种所有的传感器（广义上，称之为终端）、网络、应用系统，就组成了电力的物联网。如图 10-10 所示。

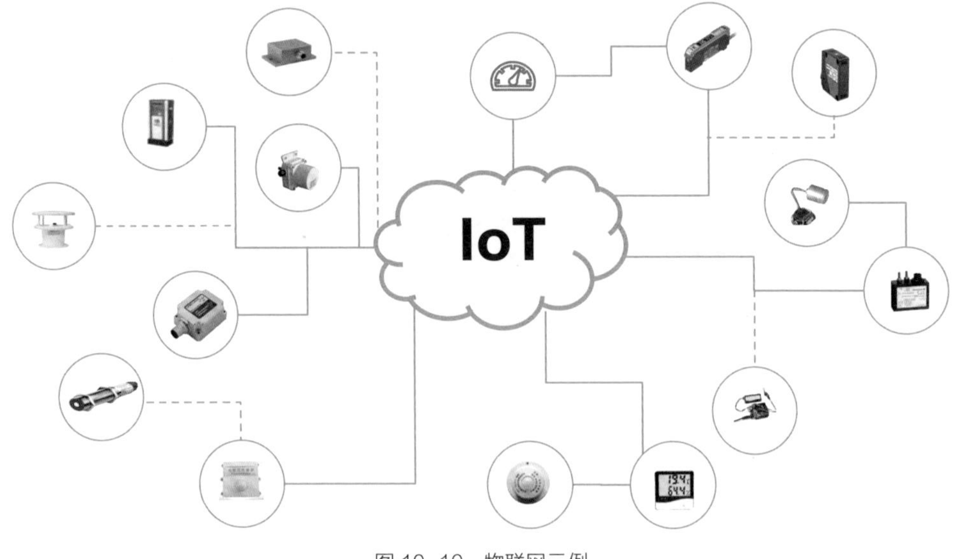

图 10-10　物联网示例

什么是物联管理平台?

物联管理平台是统一管理各类智能物联网终端接入的平台，实现各类跨专业终端统一接入和数据感知共享共用。物联管理平台实现对海量物联设备的统一监视、配置和管理，汇集海量采集数据并标准化处理，以构建开放共享的应用生态。

物联终端数量和种类都非常多，以电力行业为例，输变电、配电、客户侧、供应链等各专业都有大量终端，如果终端上报的数据并没有统一管理，就会带来很多不便。例如家里停电，用户无法直接定位是因为电费用完还是因为线路故障，运检人员负责线路抢修，营销人员负责计费，他们之间如果信息不共享，定位断电原因就比较慢。以前的方式是系统间集成，通过开发接口来实现，即通常所说的“穿墙打洞”式集成，但这样会带来很多问题，如接口数量大、集成关系复杂、系统间数据一致性难以保证等。为了解决这些问题，将各专业的终端数据通过统一的平台传输，各系统基于平台提取数据，既避免了系统间“穿墙打洞”式的集成，也保证了数据来源统一，系统间共享数据的完整、一致，这个平台就是物联管理平台，如图 10-11 所示。

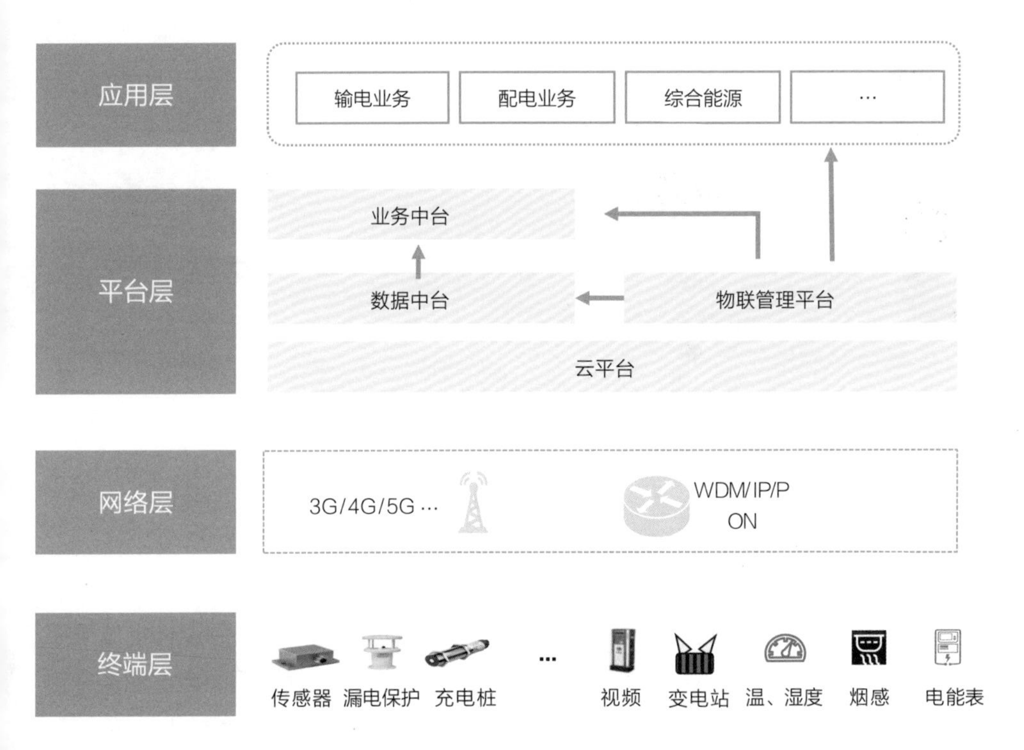

图 10-11　某大型电网企业物联管理平台

为什么要有物联管理平台？

物联网技术的发展，激发智能接入设备的迅速普及，尤其在工业生产领域，据统计，截至 2019 年上半年，某大型电网企业接入智能电表等各类终端数亿台（套），采集数据日增量超过数十 TB。如此众多的终端数量和数据量，必然引发终端采集监控覆盖不足，缺乏统一规划设计和标准，未实现统一的物联管理，数据接入时效性差等问题。

物联管理平台的作用正是解决上述问题，通过物联管理平台，可以实现海量终端设备连接，处理不同的通信协议，以统一的格式共享出来，各业务应用从物联管理平台获取数据后，不需要进行协议解析即可以直接使用，同时为设备和用户提供安全保障和身份验证，提升了数据共享的便利程度，实现设备运行的可视化运维，如图 10-12 所示。

图 10-12　物联管理平台的作用示例

物联管理平台有哪些能力?

以某大型电网企业的物联管理平台为例，该平台在整体物联网架构中位于平台层，在技术架构中的能力是承上启下。“承上”是指对上为数据中台、业务中台及各种微应用、App 提供开放、标准的服务，通过应用层提供电力专业专项应用。“启下”是指通过感知层对下统筹输变电、配电网、客户侧和供应链等领域泛在物联和深度感知需求，通过网络层数据传输实现数据采集交换、统一物联管理和终端标准化接入。

物联管理平台各模块实现的功能如下：

（1）物模型管理：物模型指将物理空间中的实体数字化，并在云端构建该实体的数据模型。在物联网平台中，定义物模型即定义产品功能。完成功能定义后，系统将自动生成该产品的物模型。

（2）规则引擎：规则是用户自定义的条件，规则引擎可灵活地转发和处理设备消息，用户可通过 SQL 的形式设定规则，对消息数据筛选、变型、转发，根据不同场景将数据无缝转发至不同的数据目的地，如时序数据库、Topic 主题、流式处理、对象存储和关系型存储等。如温、湿度监控点，每十分钟都会有温度和湿度数据传往云端，对于这些数据，我们往往希望它们发挥不同的作用。

（3）连接管理：连接管理通过适配接入设备协议的多样性，屏蔽设备差异，并基于安全的数据通道完成终端设备数据的采集、转发。

（4）设备管理：设备管理提供统一的设备创建、禁用启用及删除，以及设备基础信息管理、设备状态监控、设备升级、远程配置及设备影子等功能。

（5）应用管理：应用管理提供应用创建、应用基础信息查阅、资源对象管理及授权等服务。

（6）服务开放：物联管理平台提供数据接口、服务接口、消息接口将设备上报数据服务化，支撑北向（对上对接应用的接口叫做北向接口）应用和数据中台快速获取所需数据，并对应用接入进行鉴权以保证使用的安全性。

物联管理平台的功能框架如图 10-13 所示。

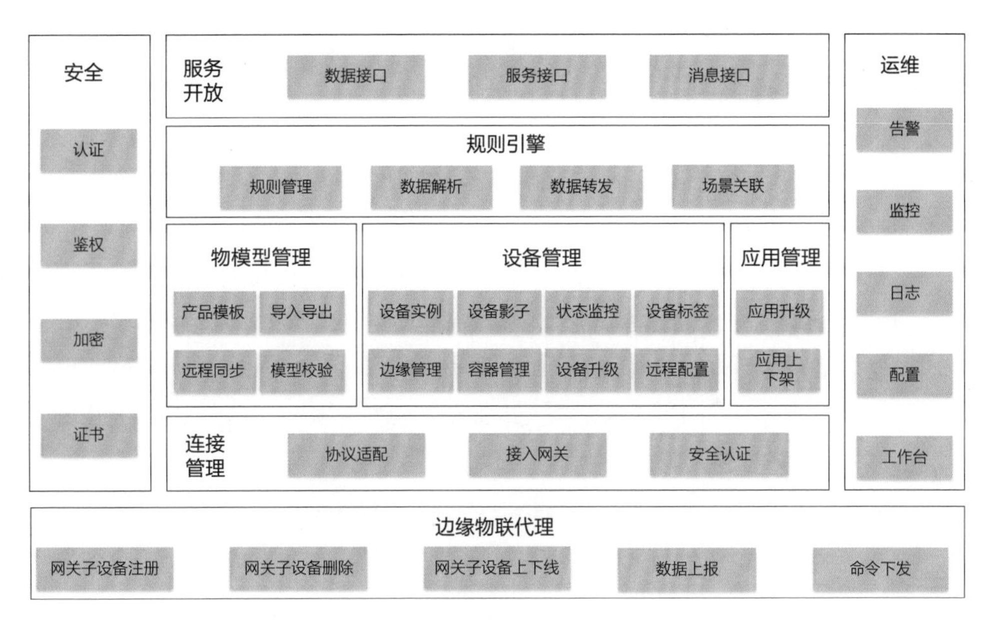

图 10-13　物联管理平台的功能框架

物联管理平台的应用特点有哪些？

物联管理平台包含全域物联管理、全域数据共享及全域应用使能等应用特点。

（1）全域物联管理：通过物联管理平台，实现终端设备能力扩展的可扩展性和一致性、自动注册、业务快速上线，提高工作效率。

（2）全域数据共享：海量电力终端统一通过物联管理平台接入后，终端数据可统一共享给数据中台和应用，打破现有各专业自建烟囱的局面，实现数据标准共享。

（3）全域应用使能：物联管理平台支持各专业智能应用的快速迭代和远程升级，通过应用的部署扩展终端的业务功能范围，实现业务功能的灵活扩展。

云平台、数据中台、物联管理平台有什么样的联系

数据平台的使用，可以极大地提高企业对于数据资源的利用效率，节省投资。

云平台是数据中台及物联管理平台实施部署的基础。数据中台及物联管理平台可以使用云平台提供的存储、计算网络、安全等基础设施服务，以及数据接入、数据应用、数据管理等平台组件服务等进行灵活的技术架构规划及应用部署实施，实现业务处理能力下沉。

数据中台利用云平台的存储、计算能力，汇集、加工来自各业务应用和物联管理平台的数据，并对外提供数据服务。数据中台按需汇集业务应用、业务中台、物管平台、其他基础性平台数据并“制造加工”，同时向业务应用、业务中台提供数据共享与分析服务，实现电力生产运行、控制等数据的全面在线采集、管理及应用。

物联管理平台通过数据中台实现终端采集数据的统一存储、管理、分析和共享。物联管理平台提供统一的数据开放接口将数据传输、存储至数据中台，数据中台通过数据服务，支撑上层各类业务应用对实时采集数据的需求，赋能电网的数字化、智能化、自动化。

电力行业中云平台、数据中台、物联管理平台的关系如图 10-14 所示。

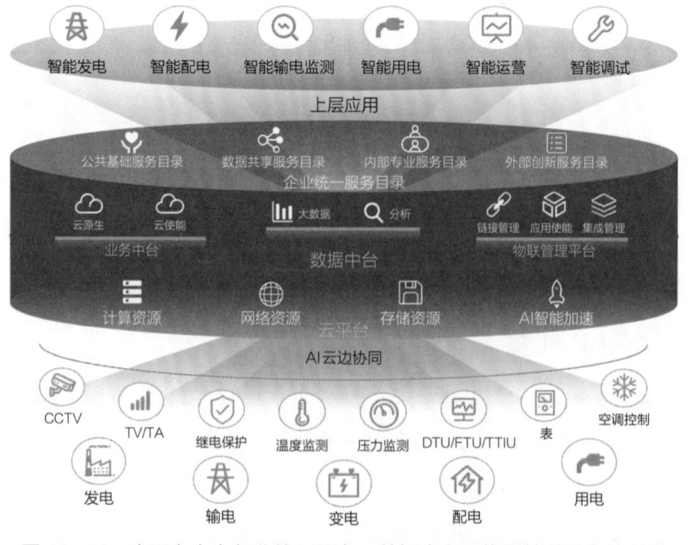

图 10-14　应用在电力行业的云平台、数据中台、物联管理平台的关系

11 典型案例

各类数据应用发挥的价值改变了人们的生活、工作和思维方式，同时企业也积累了丰富的典型案例，这些案例为企业的发展提供了新的思路、新的方法和新的解决方案，具有非常高的借鉴价值。

电网企业不断深度推进数字化转型，在数据应用和数据管理方面积累了丰富的应用实践。为了便于理解电力数据的基本概念和知识体系，本章结合电网企业在数据应用、数据质量治理和数据管理方面的相关实践，遴选了典型案例加以介绍。

数据应用

配电变压器重过载风险预警

配网作为用电供电的关键组成部分，其中配电变压器重过载情况对保障电网安全运行，提升用户供电能力有着至关重要的影响。配电变压器重载，指负载率≥80%且<100%，且持续2h及以上；配电变压器过载，指负载率≥100%，且持续2h及以上。配电变压器重、过载率是电力系统重点关注的指标之一。

（1）**应用背景。**

配电变压器运行稳定性对整个配网系统的安全运行、经济运行具有直接影响，长期重、过载运行会造成变压器绝缘层加速老化、使用寿命下降、设备故障发生率增加，严重者会发生电网停电、人身安全等事故，造成企业用户满意度下降。随着全社会用电需求不断增加，尤其在迎峰度夏、冬季取暖期间，配电变压器重过载现象时有发生。因此，及时有效预警配电变压器重过载运行问题，对提升供电质量，避免设备损坏，显得尤为重要。

（2）**实现设计。**

从业务上看，配电变压器重过载预警按预警的周期及时效，分中期预警和短期预警。本设计方案主要基于历史配网变压器每天96点的用电采集数据，分析配电变压器的重过载概率。同时进一步关联分析及评价工作，关注配电变压器重过载对客户服务的影响，并从资产、能量的视角出发，从而对配电变压器技改计划、客户服务提供针对性的改善建议。中期、短期预警应用思路如图11-1所示。

（3）**分析方法。**

预警模型分为短期预警模型和中期预警模型。

①短期预警模型。短期预警管理模式思路如图11-2所示。

首先基于配电变压器重过载短期预警清单分析概率风险，即通过短期预警数据分析模型输出配电变压器短期预警重过载概率清单。通过结合配电变压器上周在迎峰度夏期间的重过载持续时间，识别是持续性重过载配电变压器还是瞬时性

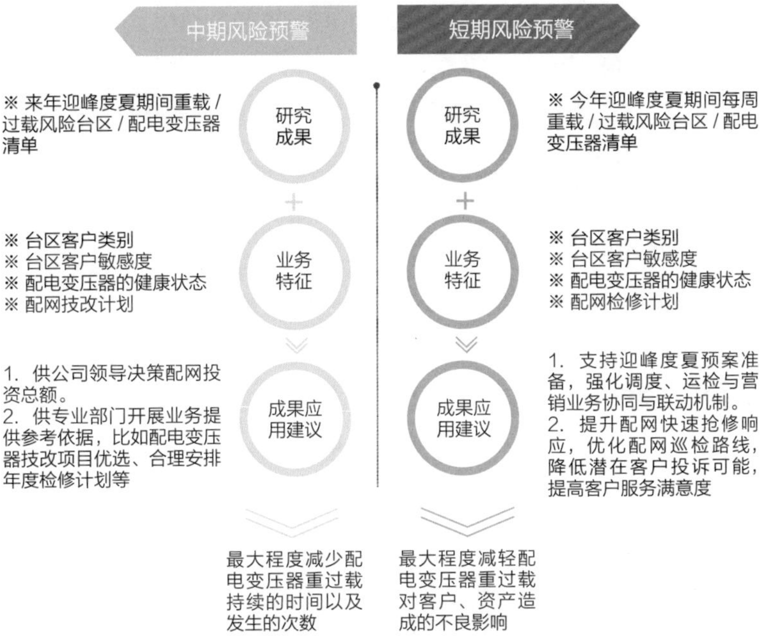

中期风险预警

※ 来年迎峰度夏期间重载 / 过载风险台区 / 配电变压器清单

研究成果

\+

※ 台区客户类别
※ 台区客户敏感度
※ 配电变压器的健康状态
※ 配网技改计划

业务特征

1. 供公司领导决策配网投资总额。
2. 供专业部门开展业务提供参考依据，比如配电变压器技改项目优选、合理安排年度检修计划等

成果应用建议

最大程度减少配电变压器重过载持续的时间以及发生的次数

短期风险预警

研究成果

※ 今年迎峰度夏期间每周重载 / 过载风险台区 / 配电变压器清单

\+

业务特征

※ 台区客户类别
※ 台区客户敏感度
※ 配电变压器的健康状态
※ 配网检修计划

成果应用建议

1. 支持迎峰度夏预案准备，强化调度、运检与营销业务协同与联动机制。
2. 提升配网快速抢修响应，优化配网巡检路线，降低潜在客户投诉可能，提高客户服务满意度

最大程度减轻配电变压器重过载对客户、资产造成的不良影响

图 11-1　中期、短期预警应用思路

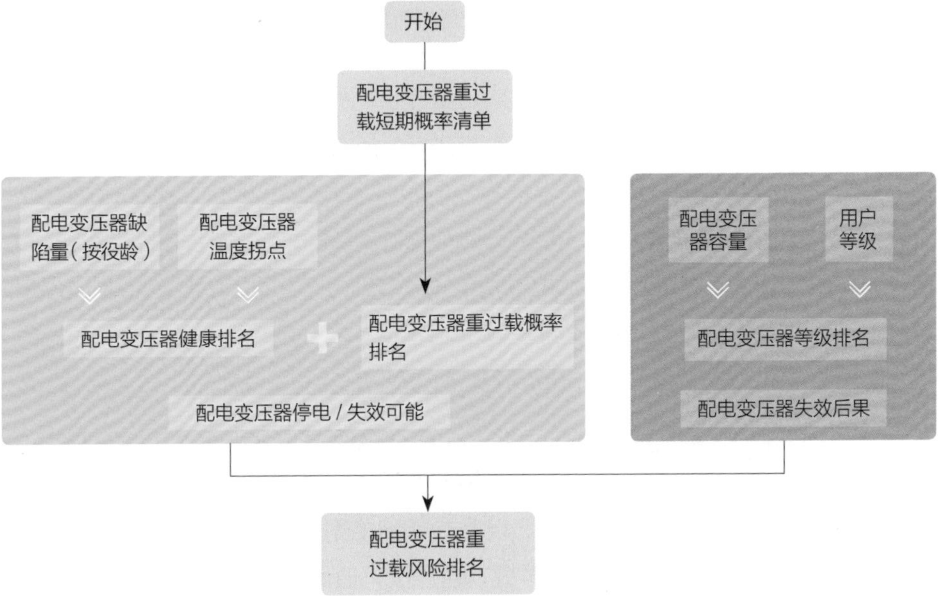

开始

配电变压器重过载短期概率清单

配电变压器缺陷量（按役龄）

配电变压器温度拐点

配电变压器健康排名

\+

配电变压器重过载概率排名

配电变压器停电 / 失效可能

配电变压器容量

用户等级

配电变压器等级排名

配电变压器失效后果

配电变压器重过载风险排名

图 11-2　短期预警管理模型思路

重过载配电变压器；通过结合配电变压器本周的检修及巡检计划，为优化配网应急响应提供参考视角。

然后结合配电变压器健康度分析失效、停电风险，即通过配电变压器役龄与配电变压器故障、缺陷发生情况，以及配电变压器的高温缺陷故障拐点综合反映设备的健康程度，同时结合配电变压器短期预警重、过载概率清单，分析配电变压器未来失效、停电风险。

最后结合配电变压器所属台区设备及用户重要度分析综合风险，即通过配电变压器资产原值、容量反映配电变压器的重要度，通过识别重要客户、重点保障客户以及敏感客户反映客户重要度，同时结合配电变压器未来失效、停电风险分析配电变压器重过载的综合风险。短期预警概率清单示例如图 11-3 所示。

	概率排名	配电变压器编号	配电变压器名称	第1天		第N天		汇总		上周发生重过载天数或小时数	本周检修/巡检安排
				重载概率（X1）	过载概率（X2）	重载概率（X1）	过载概率（X2）	重载概率（X1）	过载概率（X2）		
持续重过载	#1			XX%	XX%	XX%	XX%	60%	45%	5天/40小时	
	#2			XX%	XX%	XX%	XX%	55%	40%	5天/40小时	
	#3			XX%	XX%	XX%	XX%	50%	40%	5天/40小时	
瞬时重过载	#4			XX%	XX%	XX%	XX%	50%	35%	1天/3小时	
	#5			XX%	XX%	XX%	XX%	45%	30%	1天/3小时	
	#6			XX%	XX%	XX%	XX%	40%	25%	1天/3小时	

高 重过载概率 低

图 11-3　短期预警概率清单示例

设备的风险评价可利用定性评价或定量评价两种方法进行。本方案以量化的方法基于配电变压器重过载短期概率对其进行短期综合风险评价。配电变压器的重过载故障可能引发多种损失，资产的损失程度考虑设备损坏，人身安全、供电可靠性和社会影响等要素。风险评价以风险值作为指标，综合考虑资产等级、设备健康程度、设备重过载发生概率以及配电变压器缺陷的高温拐点四者的作用。其风险模型如式（11-1）所示：

$$R(t)=A(t)\times H(t)\times L(t)\times T(t) \tag{11-1}$$

式中：t 表示某个时刻；A 表示资产等级，包括配电变压器的容量、配电变压器原值，配电变压器所带用户级别、用户数量等，反映资产的重要程度；H 表示设备健康等级，包括设备的役龄、设备当年缺陷率、故障率等，反映设备的健康程度；L 表示设备预计的重过载等级，通过概率值反映设备未来的重过载程度；T 表示设备缺陷的高温拐点，通过高温持续时间或峰值反映设备未来受高温影响的

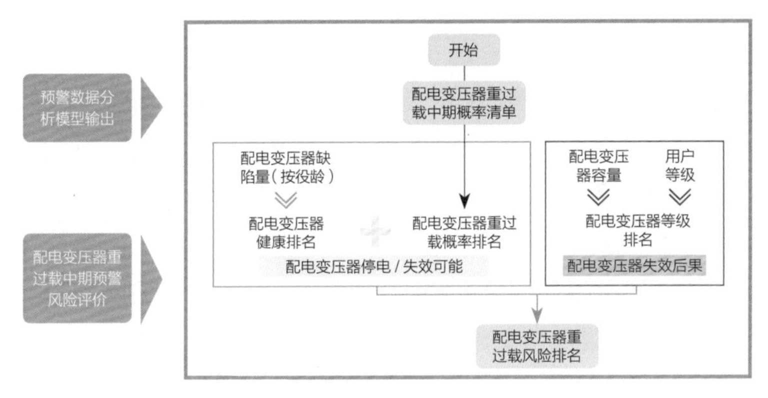

图 11-4　中期预警管理模型思路

负面程度；*R* 表示设备综合风险值。

②中期预警模型。中期预警管理模型思路如图 11-4 所示。

首先基于配电变压器重过载中期预警清单分析概率风险，即通过中期预警数据分析模型输出配电变压器中期预警重过载概率清单。通过结合配电变压器去年在迎峰度夏期间的重过载天数，识别是存量重过载配电变压器还是增量重过载配电变压器；通过结合配电变压器去年的技改增容量，为配网投资的有效性提供参考视角。

然后结合配电变压器健康度分析失效、停电风险，即通过配电变压器役龄与配电变压器故障、缺陷发生情况综合反映设备的健康程度，同时结合配电变压器中期预警重、过载概率清单，分析配电变压器未来失效、停电风险。

最后结合配电变压器所属台区设备及用户重要度分析综合风险，即通过配电变压器资产原值、容量反映配电变压器的重要度，通过识别重要客户、重点保障客户以及敏感客户反映客户重要度，同时结合配电变压器未来失效、停电风险分析配电变压器重过载的综合风险。模型计算原则同短期预警模型。如图 11-5 所示。

概率排名	配电变压器编号	配电变压器名称	第 1 天		第 *N* 天		汇总		上周发生重、过载天数或小时数	上两周发生重、过载天数或小时数
			重载概率（x1）	过载概率（x2）	重载概率（x1）	过载概率（x2）	重载概率（x1）	过载概率（x2）		
#1			xx%	xx%	xx%	xx%	60%	45%	5 天 /40 小时	9 天 /80 小时
#2			xx%	xx%	xx%	xx%	55%	40%	5 天 /40 小时	7 天 /80 小时
#3			xx%	xx%	xx%	xx%	50%	40%	5 天 /40 小时	7 天 /80 小时
#4			xx%	xx%	xx%	xx%	50%	35%	1 天 /3 小时	2 天 /5 小时
#5			xx%	xx%	xx%	xx%	45%	30%	1 天 /3 小时	2 天 /5 小时
#6			xx%	xx%	xx%	xx%	40%	25%	1 天 /3 小时	2 天 /5 小时

持续重过载（#1～#3）　瞬时重过载（#4～#6）　高 ↑ 重过载概率 低

图 11-5　中期预警概率清单示例

（4）**应用成效。**

以某地市供电公司为该模型的研究应用试点，从配电变压器重载风险预警情况和配电变压器过载风险预警情况两方面概述某年迎峰度夏期间城区配电变压器重、过载风险预警情况：

①配电变压器重载风险预警情况。

纳入某年城区迎峰度夏预警的配电变压器中，预警重载配电变压器较去年实际下降 0.5%，占总预警配电变压器数的 13.28%，其中某年预警重复重载配电变压器占年总预警重载数的 83.15%，某年预警减少重载配电变压器 2 台，占上一年总预警重载数的 0.54%。供电区域上，某年将近 86% 预警重载的配电变压器分布在 C 区与 D 区。预警重载台区地区分布如图 11-6 所示。

②配电变压器过载风险预警情况。

以最高负载率计，纳入某年城区迎峰度夏预警的配电变压器中，预警过载配电变压器较去年实际下降 1.69%，占总预警配电变压器数的 2.09%。某年预警重复过载配电变压器 20 台，占上一年总预警过载数的 34.48%。上一年预警减少过载配电变压器 1 台，占上一年总预警过载数的 1.72%。供电区域上，某年预警过载的配电变压器主要分布在 C 区和 B 区。预警过载台区地区分布如图 11-7 所示。

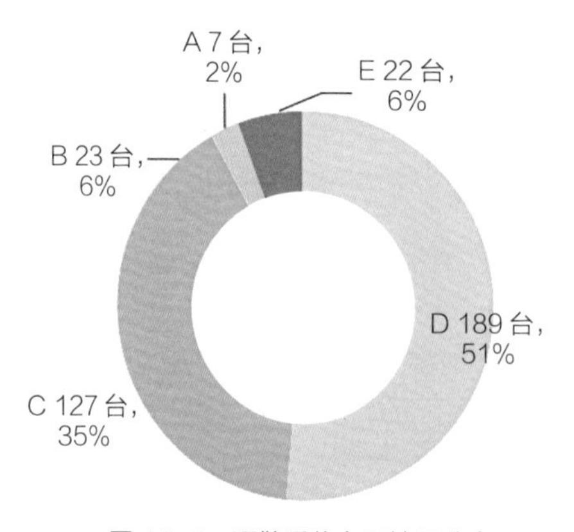

图 11-6　预警重载台区地区分布

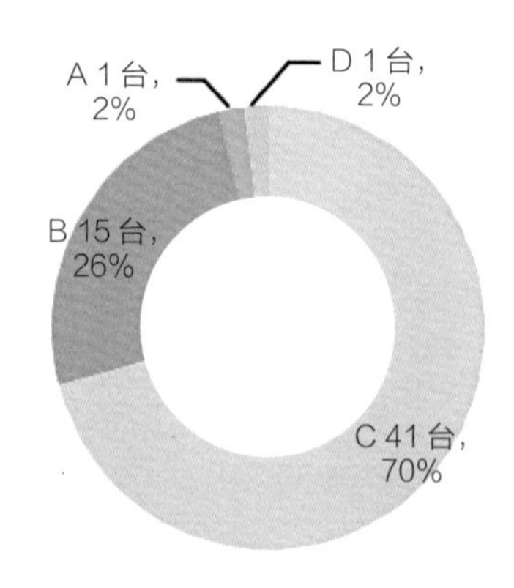

图 11-7　预警过载台区地区分布

客户用电异常分析

随着我国经济的飞速发展以及社会主义现代化建设的逐步完善，社会各行各业和家庭用户的用电量持续增多，用电检查人员很难做到对高、低压用电客户检查的全覆盖。在这样的情况下，很多不法分子想方设法利用电力供应的弊端实施窃电，这种盗取电能的行为，不仅不利于电能平稳快速地供应，而且产重阻碍了电能的利用效率。所谓窃电，就是指用户在电力输送与使用过程中，采用秘密窃取的方式非法占用电能，以达到不交或少交电费的违法行为。客户用电异常分析基于用电采集系统、营销业务系统、调度系统等数据，构建客户用电量模型、客户负荷预测模型、防窃电预警模型，对客户用电负荷特性进行分析并预测未来用电负荷曲线，同时开展窃电嫌疑用户预测与行为分析，提前掌握客户的用电需求和窃电行为发生风险，提高公司工作效率和客户服务水平。

（1）应用背景。

由于近年来窃电者的窃电行为越来越隐蔽，技术也越来越隐秘，常见的窃电方式有以下几种。

①采取失压或欠压的方式。

窃电者通过拆除计量回路中的所有相或单一相的电压引线，导致计量表在失压状态下无法正常工作，从而窃取电能的对策。在被识破后，窃电者又展开欠压方式盗取电能，这是利用对电压引线进行虚接后，导致进入电能计量装置的电压比实际所用电压要低，进而使电费得以减少。

②利用断流的方式。

将电路互感器短接或者是对电流回路中的引线拆卸，致使计量回路出现断流或分流现象，此时的电能计量装置不能正常工作，从而达到窃电目的。

③采用分流和移相的方式。

把电流互感器与分流引线并联在一起，从而使进入计量回路中的电流减小，造成少计电量。移相是通过在计量电路中增设电容造成电流和电压数值与实际情况出现不一致，引起相位变化，从而达到窃电的目的。

面对各种各样的窃电方式，监察人员遇到了不小的挑战。因此建立客户用电行为分析模型，开展基于客户用电行为的窃电概率预警分析，建立起良好的用电监察工作能够帮助供电企业发现窃电现象，精准识别疑似窃电户，建立预警、排查和处理的闭环工作机制，加大反窃电的查处惩治力度，维护正常的供用电秩序，保障企业经营效益。

（2）**实现设计。**

由于电能传输速度极快，不能存储，用户窃电并不是偷走“电能”，而是让计量装置少计量或者让计量装置故障。根据电工基础可知，电能表计量功率与电压、电流、电压与电流间的相位关系这三个变量有关。减少其中任何一个参数，都会造成计量的功率变少，从而达到窃电的目的。

一个用户，如果其用电行为正常，那么可以归纳出以下几点基本特征：电压值约等于供电电压，基本不变；电流随着负荷变化，但是三相电流基本平衡；功率因数基本稳定，相位角不会突变；用户线损在一定范围波动，一般不超过 7%。可以通过分析用户电压、电流、功率因数（相位角）、线损、电量等电气数据以及这些参数的变化趋势，来分析用户的用电行为特性，比如负荷特性、是否窃电、计量故障、是否错峰用电等。这种思路不仅是分析电力系统、分析用户行为的基础，也是分析窃电行为的基础。

设计思路如图 11-8 所示，结合客户用电异常分析需求，考虑设计以下模型：

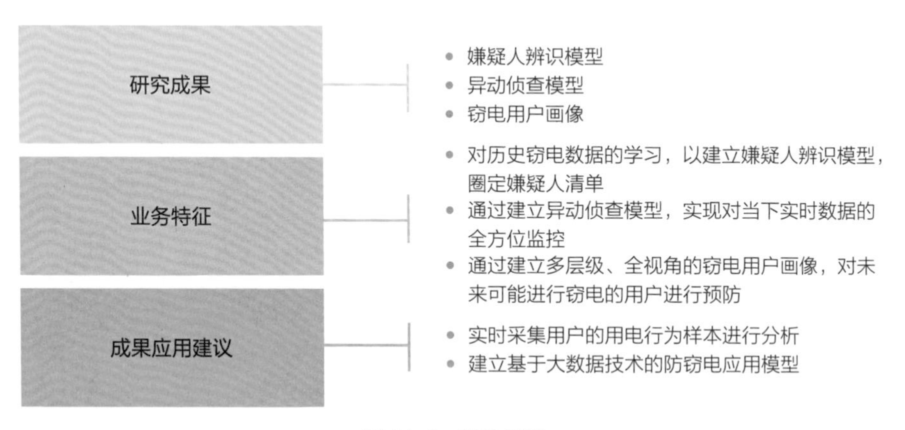

图 11-8　设计思路

①嫌疑人辨识模型。

对过去经过现场确认的窃电用户清单数据的学习，基于大数据与计算智能算法，发现窃电用户的行为特征，建立嫌疑人辨识模型，以准确识别窃电用户。

②异动侦查模型。

通过建立异动侦查模型，实现对当下实时数据的全方位监控。

③窃电用户画像。

通过建立多层级、全视角的窃电用户画像，对未来可能进行窃电的用户进行预防。

（3）**分析方法。**

基于用户用电信息采集系统的海量数据，建立防窃电诊断分析模型，采用大数据挖掘和数据关联技术，实现对现场计量异常情况、窃电行为在线监测，支持动态产生异常事件告警，通过用户界面及时通知用户处理，方便灵活地开展防窃电分析业务，及时发现异常行为，提高工作效率，降低窃电行为分析的时间及成本。具体分析思路如图 11-9 所示。

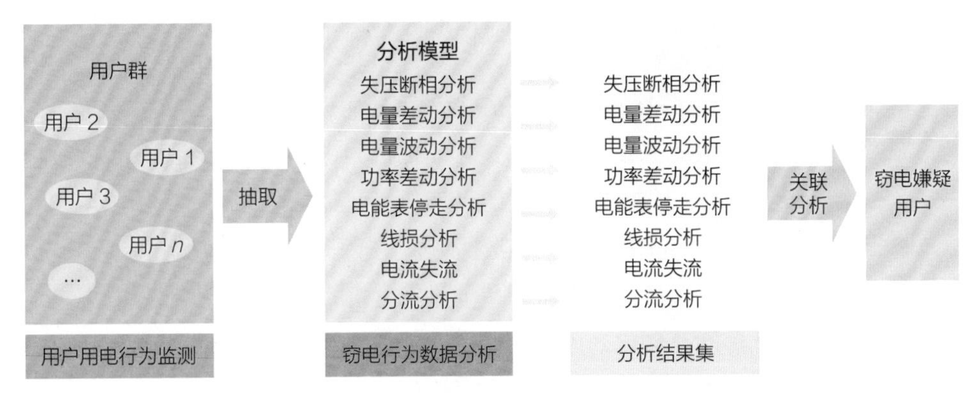

图 11-9　分析思路

①采集终端和电能表事件筛选。

对于采集终端和电能表生成的事件进行无效事件筛选与过滤，可基于以下规则进行筛选：

a．同一条事件重复上报，事件内容包括时间均完全相同，只按第一条进行主站智能诊断，其余事件不参与主站智能诊断。

b．剔除内容不符合通信协议格式要求的事件，包括数据乱码及应填数据为空的情况。

c．剔除内容明显有误的事件，包括事件时间早于设备安装时间及事件时间晚于当前时间的情况。

②采集终端和电能表采集数据筛选。

对用电信息系统采集到的采集终端和电能表进行异常数据过滤筛选，可基于以下规则进行筛选：

a．正/反向有功总功率乘倍率的数值大于用户合同容量的 k 倍，属于异常数据。

b．日冻结正/反向电能示值计算得到的电量大于用户日最大用电量（合同容量 ×24h）的 k 倍，属于异常数据。

c. 月冻结正 / 反向电能示值计算得到的电量大于用户月最大用电量（合同容量 ×24h×30d）的 k 倍，属于异常数据。

d. 二次侧电压值大于二次侧额定电压值的 k 倍，属于异常数据。

③单一异常分析。

基于采集终端事件和数据基础，建立异常分析模型进行异常分析。主要涉及的异常包括失压断相分析、电量差动分析、电量波动分析、功率差动分析、电能表停走、电能表开盖或计量门开闭分析、电流失流和电流不平衡分析、恒定磁场干扰、线损分析等智能诊断分析模型。

a. 失压断相分析：失压断相分析主要针对高压用户的采集终端或者电能表上报的电压断相事件、电压曲线等信息对失压断相行为进行分析、判断、统计分析终端电压值、断相比例、异常时间、异常持续时间等信息。

b. 电量差动分析：利用采集到的电量数据，按照一定的差动时间间隔（天）与不同的电量差动模型对高压用户电量差动进行分析，即两个不同回路的电量有较大偏差，分析计量回路和比对回路（如交流采样回路）同时段的电量差值，如果电量差值超设定的阈值 K，进而判断用户是否有窃电嫌疑。

c. 电量波动分析：将高压用户的用电时间以天为维度分为普通日和特殊日（节假日、停电检查日、用户休息日等），分别总结用户用电规律，并将用户本月用电量与用户上月或去年的用电量进行比对，然后评估用户每月用电量的波动情况。当波动大于设定的阀值时，认为该用户有窃电的可能性，并根据波动程度计算窃电可能性的大小。

d. 功率差动分析：高压用户按照一定的差动时间间隔（小时或天），使用不同的负荷差动模型对差动进行分析。根据终端负荷、电能表总负荷以及差动模型获得总负荷差值、负荷差动率、负荷差动阀值信息，判断是否达标。当波动大于设定的阈值时，认为该用户有窃电的可能，并根据波动程度计算窃电可能性的大小。

e. 电能表停走分析：针对高压用户的电量数据、电流数据判断高压用户是否存在用户用电的情况下，但电能表出现停止走字现象，现象表现为某时点电能量为 0，且对应时点的任意相电流大于 0.1A。以上异常现象在单日数据中出现连续 3 个时点且累计出现超出 12 次，则该用户存在窃电嫌疑。

f. 电能表开盖或计量门开闭分析：通过采集系统获取电能表状态字，判断电能表开盖时间与电能表安装时间差值大于时间阈值。排除正常电能表开盖，例如初次安装、检定和正常工单的情况，排除开盖时间逆排错误的情况，则产生异常。

g. 电流失流和电流不平衡分析：电流不平衡分析主要根据高压用户的电流曲线进行分析，统计并判断用户是否出现电流失流或者电流不平衡度超限情况。

h. 恒定磁场干扰：通过分析现场采集终端上报的磁场异常事件，分析用户是否出现磁场干扰异常。

i. 线损异常：使用线路线损及台区线损数据，辅助开展窃电嫌疑用户分析通过将线损异常（超出阈值）期间的用户电量与线损正常期间的用户电量进行比对，发现并统计线损异常区域中的电量突减用户。

④防窃电综合分析。

用电信息采集系统中的各类异常事件和窃电行为以及窃电行为的种类存在关联关系，基于防窃电单一异常分析结果，从多角度进行特征选择和特征相似性检验。最终运用机器学习方法，如图 11-10 所示，采用多模型融合架构，建立防窃电诊断模型，判断用户窃电可能性的大小。

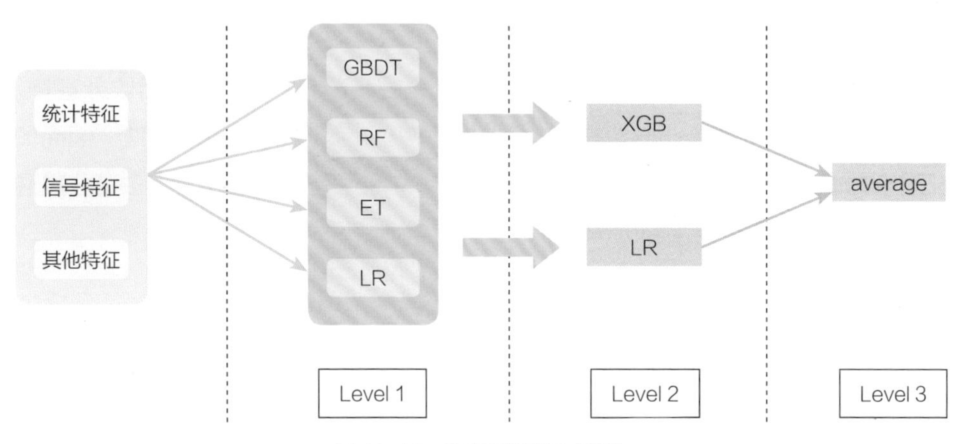

图 11-10　防窃电模型融合架构

（4）应用成效。

经过与某电力公司的真实窃电用户的数据进行对比后，真实窃电用户在防窃电应用标识出窃电用户的占比高压用户达到了 89.4%，低压用户达到 34.5%。并且防窃电应用中窃电用户稽核命中率提升 30%，线损率下降 1.4%，工作效率提升 4 倍。

客户信用评价分析

随着电力市场化的进一步推进，电力客户成为供电企业的战略中心，电力企业必须以电力客户为中心推动企业发展，给电力客户提供更好、更方便、更人性化的服务。电力作为一种特殊的商品具有两大特性：电力的生产、输送与消费同时在瞬间完成的特性；电力不可储存的特性。这就决定了电力产品的销售以“先用电，后付费”的赊销方式为主，电费和其他应收账款的安全及时回收是各电力公司实现经营效益以及电网建设和维护费用的主要来源。

（1）**应用背景。**

电力企业在为全社会“供好电、服好务”的同时，也愿意将电售给既需要电力又讲信用的客户，希望客户能按时缴纳电费以保障供电企业的持续经营。但事实并非如此，用电后逃避交费或无力缴费的现象大量存在，社会上普遍存在的信用缺失现象在电费回收上得到了反映。电费欠费问题使电力企业蒙受了巨大的损失，阻碍了电力企业的发展，给电力企业的运营带来了巨大的风险。

长期以来，电力企业为解决电费欠费问题投入了很多的精力，但收效甚微。为了扭转局势，电力企业迫切需要找到一种解决当前所面临问题的办法。因而如何对电力客户的信用等级进行评估并对其信用风险进行管理就成为电力企业规避风险、提高经营水平所面临的一个十分重要而迫切的问题。

（2）**实现设计。**

信用等级评估的过程是将一个企业的相关资料收集起来，然后用统一标准加以评估和打分。相对于某电力公司对电力客户的信用评价而言，其研究的总体思路即：

①建立客户信用评价指标体系：根据某电力公司的实际情况，选择合适的信用评估指标，形成合理、有效的信用评价指标体系。

②进行信用评估：在客户信用评价指标体系基础上，利用科学的评估方法进行信用评估，得出客户信用评估分值。具体包括：

a. 指标数据预处理；

b. 主成分分析，去除不合理指标；

c. 利用综合评估方法进行信用评估。

③等级划分：在信用评估分值计算基础上，根据某电力公司实际情况，进行合理的等级划分。

（3）分析方法。

从缴费方式、配合程度、用电状况、外部评价、失信行为五个方面来为用户进行评分，并根据评分将用户分为AAA、AA、A、BBB、BB、B、CCC、CC、C、D共十个等级。并根据指标计算、计算数据、计算时间段等因素，形成体系雏形。通过搭建的指标体系及分项权重进行系统试运算，以实际数据校正指标体系符合度，根据数次的试算，最终确定各分项的指标得分权重。

根据用户以往所有的缴费情况对用户进行信用等级评价，其中所包含指标有每月、当年、陈欠电费缴纳情况、缴费是否及时、欠费账龄长短、缴费方式、是否有预收、配合抄表情况、用电量变化、社会信用、是否有违章窃电行为等方面进行用户信用等级全方位考量，得出准确评价，为下一步采取相应措施打下基础。根据对用户电费回收风险和信用等级分析，可以采取一些相应的事前预防措施。针对回收风险大、信用等级低的用户可以收取一部分预收电费，并与用户协商采取防范风险的缴费方式，比如分次结算、预付电费、计划结算或三方担保等；对于新装增容用户应在供用电合同及附加协议上注明如果没有按时缴纳电费将产生哪些后果；对高压重点用户应制定专门检查计划，并派专人专职对应负责；与法律部门结合，及时说明不乐观的企业情况，在法律人员的指导下做好后期取证工作。对不同信用等级用户制定差异化服务策略，提供VIP服务、优质服务、一般性服务、暂停服务等不同等级服务。

① A等客户，享受营销VIP服务。控制策略包括但不限于：办理业务时，安排优秀大客户经理优先办理申请业务，享受绿色通道；主动上门提供节能服务或办理利于用户节约成本的业务；提供账单、票据邮寄服务；对集团客户提供统一缴费服务；对符合条件的大客户，吸纳加入大客户俱乐部；使用预付费式电能表客户，拥有3倍于普通客户的预购限额等。

② B等客户，列入催费人员关注名单。控制策略包括但不限于：加强电费回收宣传；因客户原因更换计量装置时，积极采用预付费电能表；积极与其签订预付费或分次划拨电费协议。

③ C等客户，列入供电单位重点关注名单。控制策略包括但不限于：增加催费及用电检查频率；因客户原因更换计量装置时，必须采用预付费式电能表；办

理业务时，必须签订预付费或分次结算协议，同时必须签订担保合同，担保方式可选择保证、抵押、质押三种形式；暂停受理用电业务，直至欠费全部结清。

④ D 等客户，列入供电企业“黑名单”。控制策略包括但不限于：必须安装预付费式电能表；必须签订预付费协议以及担保合同，担保方式采取抵押形式；电力资源紧张时，作为限电第一序列；暂停受理用电业务，直至欠费全部结清。

关于信用等级要基于大数据中心提供的信用评价结果采取不同的手段，但目前分级并不成熟，指导意义不大，目前各单位仅限于对采取预收、划拨等缴费习惯良好的用户开展发票寄送等服务，对欠费用户采取停限电、业务限制、法律等措施，对于一般存在潜在风险用户（包括不配合执行预收分次的、行业有风险的、租赁用户）疏于防范或者说工作做不到那么细致，甚至没有时间和成体系地做到风险防范。

对于缴费困难用户及费控表未导电造成系统欠费的用户，应多分配 POS 机由催费人员上门收取电费或导电。

对于信用等级 C 级以下的用户，通过全国企业信用信息公示系统，获取经营异常信息、行政处罚信息，抽查检查信息等，如发现存有隐患的用户，检查员或抄表员应及时到现场核实情况，预防欠费情况的发生。

抄表人员及核算人员在抄表及审核时发现用户有用电量锐减情况的，及时下现场核实情况，如果是用户经营状况不佳导致用电量减少，应及时将情况上报，密切关注该户电费缴纳情况。

（4）应用成效。

①建立用电客户信用等级评价体系，优化电费回收环境。

某电力公司可以根据电力客户的不同信用等级，对其实施如停电催缴、电费预缴，限时缓缴或上门催缴等灵活多样的电费管理办法。对电力客户信用进行科学评价并将结果公示于众，促使用电客户转变成本观念，将电费作为一项重要的预算成本，从源头上防止电费拖欠和呆死账的发生。电力公司在审批申请用电、增容报装、优惠电价时，优先安排信用等级高的客户，使企业为了得到优惠的服务，努力提高自身的信用等级。在电网电力负荷紧张需要采取停、限电措施时按客户信誉等级优先确保信誉高的客户用电安全。

②建立欠费风险防范体系，优化企业经营环境。

建立欠费风险防范与化解体系，可以及时发现可能欠费或正在实施欠费的用电企业，提前建立欠费预警机制，及时采取有效措施，减少欠费事后清缴的难度和呆账、坏账的产生，最大限度地保护供电公司的经济利益。欠费风险的评价可以给防范和处理用电企业恶意拖欠或拒交电费的防范和处理工作提供科学依据和决策指导。

③窃电监测与防范体系，优化用电环境。

窃电给电力公司带来了严重的经济损失，同时带来一系列的安全隐患和社会问题，危害巨大。据国家相关权威部门统计，营业所用电人员普遍感到反窃电管理难度较大，大家都希望掌握一套切实可行的办法，打击窃电犯罪行为。大量事实表明，20% 的“电耗子”造成了 80% 的窃电损失，若能够检测出这 20% 的用户，有的放矢，无疑会节省大量的人力物力财力，对解决目前反窃电工作中存在的资金和人力不足的问题将起到积极的作用。

④有偿提供用户缴费信用数据和用电信用记录。

在社会征信体系建立以后，按照国家征信条例，可以向信用评估中介机构和企业征信数据中心有偿提供电力用户的电力缴费信用数据和用电信用记录，使公司得到额外收益。

行业景气度分析

电力行业作为国民经济的基础产业，与区域经济发展密切相关，直观反映了经济活动的运行、发展和景气度。同时，作为高度敏感的生产资料，电力相对于经济的变化具有较高的灵敏度。但是目前通过电力数据来分析经济活动的大数据分析应用相对较少，可充分应用最新的大数据先进技术，通过对行业用电量的分析，帮助电力企业掌握各行各业的用电规律，挖掘各种经济环境下的售电业务机遇，更好地调配电力企业资源，精准定位电力企业业务发展的方向。通过开展“用电量看行业景气度”，为电力企业更好地对接、支撑政府的发展决策、政策制定提供了可常态化应用的量化分析工具，促进双方交流合作，同时也为电力企业争取政府的政策扶持、经济补偿提供科学、准确的依据，进一步加强电力增值业务服务。

（1）应用背景。

通过大数据新技术，深入分析用电量的业务特性，将新技术、业务、行业经济情况有效结合，提出用电量看行业景气的理念，充分利用大量的电力数据，进一步挖掘电量与行业经济的关联关系，构建电力景气模型，通过电力景气指数看经济，帮助政府准确把握经济发展形势，为城市规划、建设、电网规划相关政策的制定提供更直观、量化的数据支撑，提高工作效率和效果，有效履行企业社会责任，进一步加强电力增值业务服务。

（2）**实现设计。**

根据用电量的相关业务特性，场景涉及的相关数据的数据来源、数据质量、对场景的支撑情况，掌握行业经济的主要指标数据，如 GDP、PMI、PPI 等经济指标。

行业景气度主要分析内容包括：

①行业发展趋势分析。

分析各地区经济发展特征及其变化趋势，分析行业发展特征及其变化趋势、分析行业景气度能效变化趋势及相关经济特性指标与相关电量关系等。

②政策影响预测分析。

针对选定的经济发展政策，利用电力数据分析其落实、执行情况，例如压缩高耗能企业产能，针对特定行业的经济拉动措施执行情况，针对中小微企业扶持政策，电价调整方案的执行效果等。

主要包括高耗能企业产能分析，特定行业的经济拉动措施执行情况分析，针对中小微企业扶持政策分析、电价调整方案的执行效果分析等。

行业景气度分析场景建设，需对关键业务进行深入的研究，分析用电量、行业经济指标之间的关联关系，选取合适的经济指标开展场景建设，通过分析用电量与经济指标预测全省、各区域、各地市、各行业电力景气指数，如图 11-11 所示。

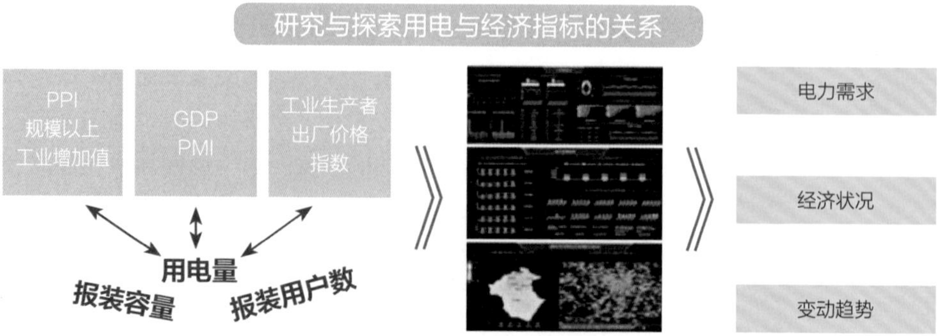

图 11-11　行业景气度分析场景建设示例

（3）**分析方法。**

从业务现象出发，梳理管理现状及相关业务，探索业务系统覆盖程度、实用化情况、考察数据基础，评估业务分析需求是否具备数据条件，尽可能进行数据探索，定量掌握现状，加深业务理解。反复进行如上步骤，直至细化、明确为切实可行的分析需求的总体思路。充分发挥电力数据价值，透过电力数据看经济，构建相关电力景气指数。融合内部电力数据、外部经济相关数据，以增长率为核心，构建电力景气指数模型，如图 11-12 所示。

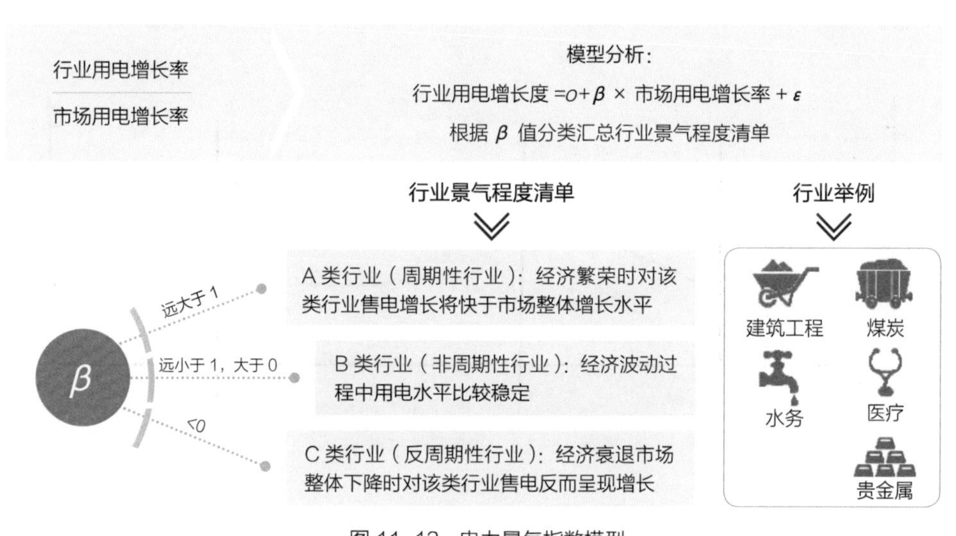

图 11-12　电力景气指数模型

注：β 值代表系统性风险，指具体行业、企业从事经济活动时，因外部经济环境的冲击，导致业绩发生剧烈波动的程度。值为 1 时，表示该行业、企业的业绩波动与市场整体的波动程度完全一致。

（4）**应用成效。**

①解读经济发展情况。

以某省为例，按照基期均为 2012 年 1 月初始值均为 100 的原则，按照等权重加权方法用 20 个强周期性行业构建电力景气指数、某省全部行业售电量数据构建基准线进行对比，发现 2014 年 1 月电力数据显示经济进入衰退期。

行业景气度分析模型具有较强实用性，应用方法为：比较电力景气指数与基准线，看哪条线在上，两线距离在变大还是收窄。对经济周期判断规则：当电力景气指数线在上时，若两线距离扩大，则代表复苏；若两线距离收窄，则代表繁荣；当电力景气指数线在下时，若两线距离扩大，则代表衰退；若两线距离收窄，则代表萧条。按照电力景气指数判断经济周期的结果，与宏观经济学理论判断的经济周期一致，如图 11-13 和图 11-14 所示。

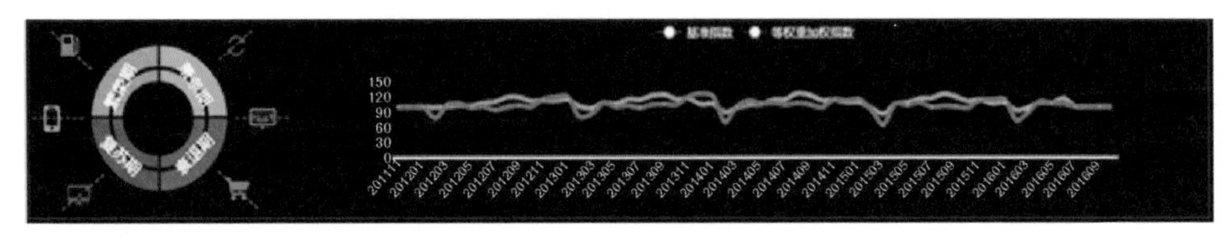

图 11-13　电力景气指数图

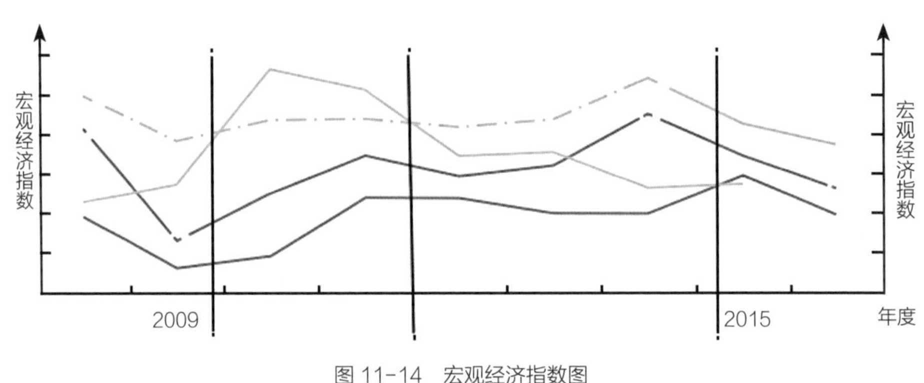

图 11-14　宏观经济指数图

②解读行业发展情况。

在电力景气指数的预测模型中，电力景气指数由所筛选的 20 个行业的用电数据的多个变量集结而来，这些变量的波动都会对最终结果产生影响。通过蒙特卡洛模拟实验 *N* 次，得到一组抽样数据，由此可以决定指数未来发展的期望、方差等数学特征。

通过 10000 次循环模拟得出行业高增长率、增长平缓以及负增长行业各 10 个，如图 11-15~ 图 11-17 所示。最终预测结果如图 11-18 所示。

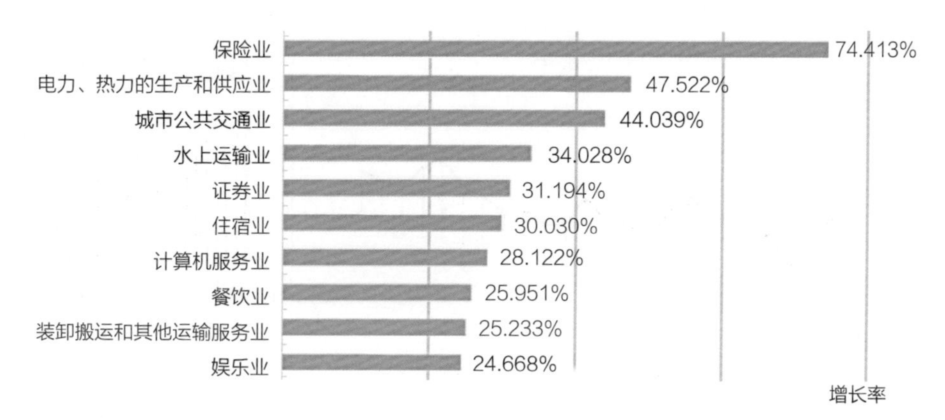

图 11-15　高增长率行业

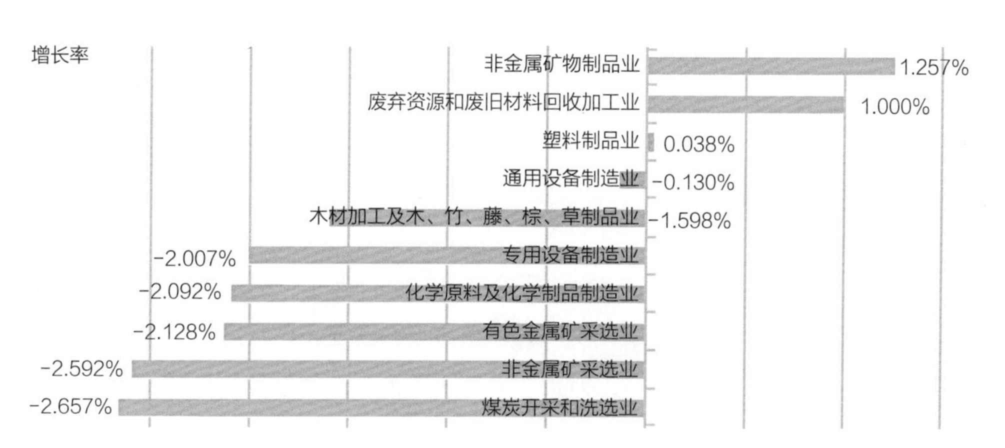

图 11-16　增长平缓行业

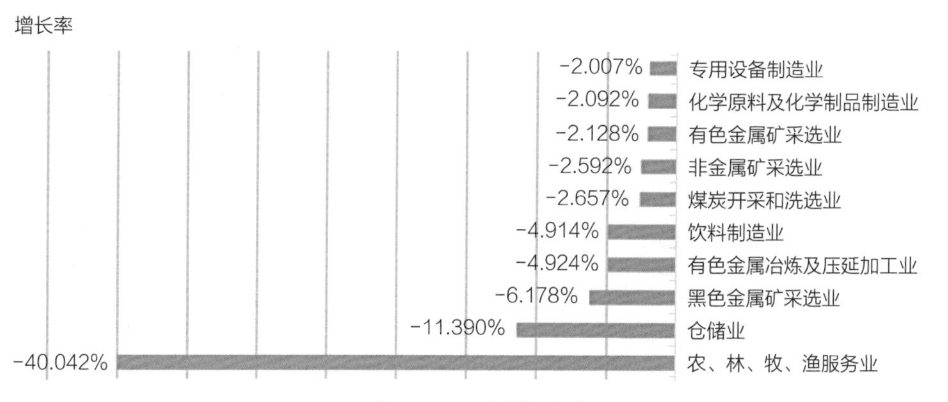

图 11-17　负增长行业

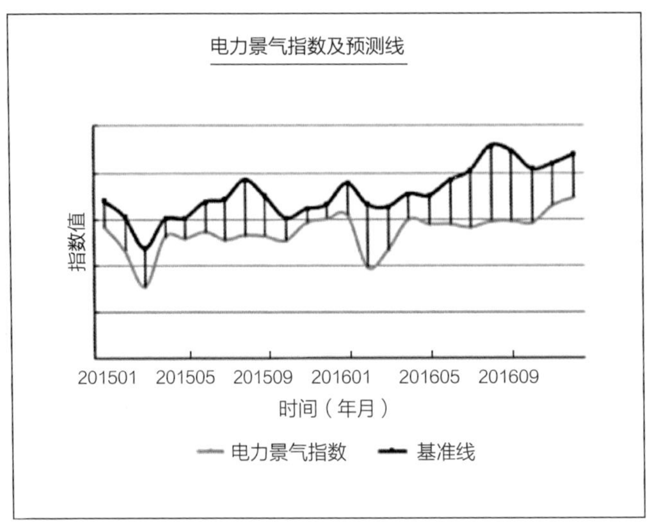

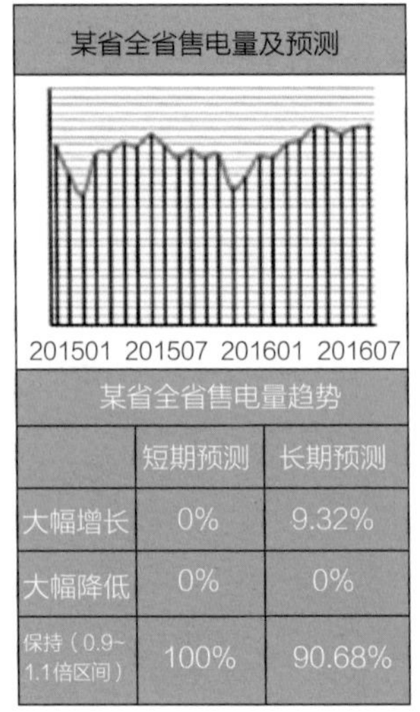

某省全省售电量趋势		
	短期预测	长期预测
大幅增长	0%	9.32%
大幅降低	0%	0%
保持（0.9~1.1倍区间）	100%	90.68%

图 11-18　最终预测结果

企业复工电力指数

电力数据中电量数据可以直观地反映经济活动的运行、发展和景气度。同时，电量是生产企业高度敏感的生产资料，电量数据对企业生产状况的反映具有较高的灵敏度。但是目前用电力数据分析企业复工的大数据分析应用相对较少，可充分应用最新的大数据先进技术，通过对行业用电量的分析，帮助企业及政府部门掌握各行各业在特殊时期如 2020 年初的新冠肺炎疫情期间的复工情况。通过开展“企业复工电力指数”的应用，可以为政府分析核实企业复工情况提供数据支撑，及时有效地防控疫情风险，也能够为政府制定复工复产及疫情防控决策提供辅助。

（1）应用背景。

通过大数据新技术，深入分析用电量的业务特性，将新技术、业务、各行业电量情况有效地结合，提出“电量看企业复工”的理念，充分利用大量的电力数据，进一步挖掘电量与行业的关联关系，构建企业复工电力指数，通过企业复工电力指数看复工情况，帮助政府准确把握疫情期间复工形势，为防控疫情、复工复产提供更直观、量化的数据支撑，提高工作效率和效果，有效履行企业社会责任，进一步加强电力增值业务服务。通过对大数据整合、存储、计算、分析等关键技术的研究，以及对用电量的行业特性进行深入的分析，将复工电量、复工企业户数等数据有效进行结合，明确建设目标、理清工作思路、制定好技术路线，通过企业复工电力指数模型分析全省、各区域、各地市、各行业复工指数，旨在从电力角度把握区域、行业复工情况，支撑政府决策，加强电力增值业务服务。

（2）**实现设计。**

根据用电量的相关业务特性，场景涉及的相关数据的数据来源、数据质量、对场景的支撑情况，掌握行业复工的主要指标数据，如历史用电量、当日用电量、复工企业数量等指标。

企业复工电力指数主要分析内容如下：

①各地区复工情况分析：分析各地区复工情况及其变化趋势，分析复工行业特征及其变化趋势等相关电量关系、及时为政府制定复工复产及疫情防控决策提供辅助。

②复工趋势分析：针对复工企业的日用电量数据，利用电力数据分析的及时性，例如高耗能企业，针对特定行业的复工情况，及时提供供电服务，确保企业能顺利复工，保障安全用电。

复工指数能实现分地区、分行业分析、纵向涵盖省、地、县各层面，横向涵盖信息传输软件业、公共服务业、工业等国家规定的十大行业。

特别的，指数还对一定规模以上医药行业、食品行业以及防护用品行业复工情况进行分析，便于政府部门重点了解疫情防控期间一定规模以上的疫情防控相关保障行业复工情况，及时做好相应服务决策。

（3）**分析方法。**

从业务现象出发，梳理管理现状及相关业务，探索业务系统覆盖程度、实用化情况，考察数据基础，评估业务分析需求是否具备数据条件，尽可能进行数据探索，定量掌握现状，加深业务理解，反复进行如上步骤，直至细化、明确为切实可行的分析需求的总体思路。充分发挥电力数据价值，透过电力数据看复工情况，构建相关企业复工电力指数。融合内部电力数据、外部相关数据得出复工指数 R，如式（11-2），以辅助决策为核心，构建企业复工电力指数模型。

$$R=（\text{复工电量比例}\times 0.5+\text{复工企业户数比例}\times 0.5）\times 100 \qquad （11-2）$$

（4）**应用成效。**

①解读各地区复工情况。

以某省为例，构建复工电力指数 R，将某省全部地区复工企业当日电量数据与历史电量数据进行对比，发现 2 月 10 日某地区电力数据显示企业复工电力指数较低，如图 11-19 所示。

②解读行业复工情况。

以各行业为例，构建复工电力指数 R，将某省各行业复工企业当日电量数据与历史电量数据进行对比，发现2月10日某省电力数据显示金融业复工指数最高，工业复工指数最低，如图 11-20 所示。

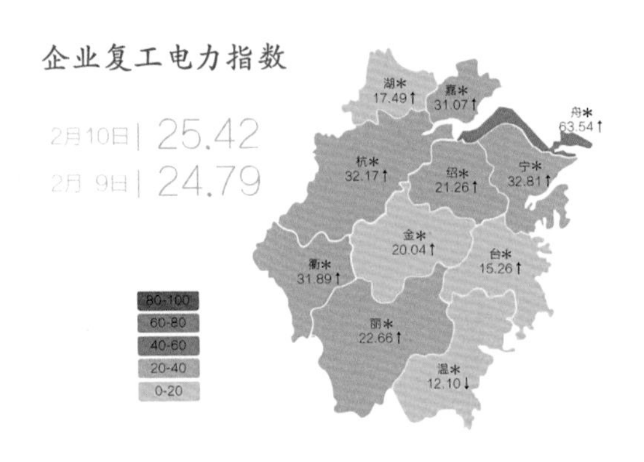

图 11-19　企业复工电力指数

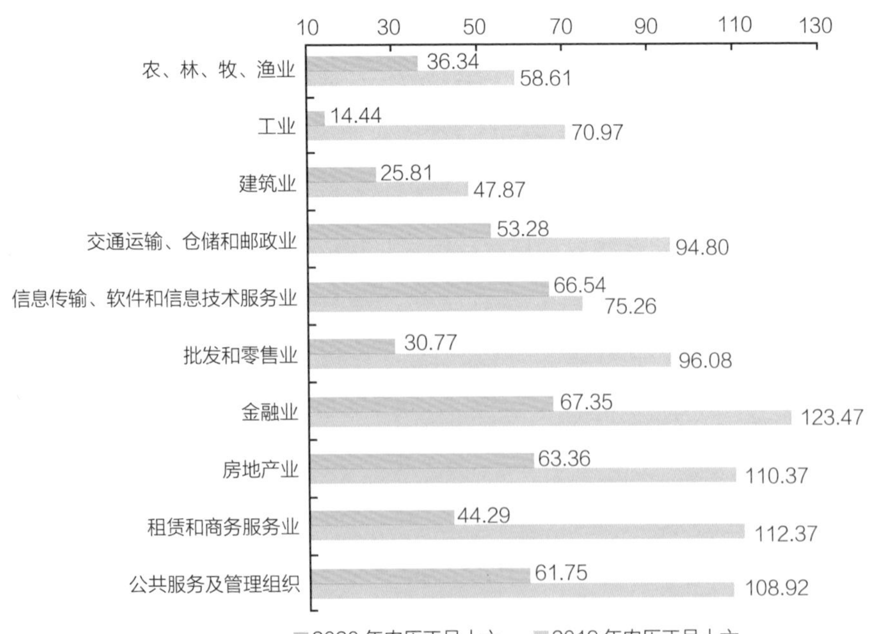

图 11-20　某省各行业复工电力指数

③解读行业复工趋势。

以某省为例，构建复工电力指数 R，可以看出来，某省自 2 月 10 日（农历正月十七）复工以来，电力指数为 24.36~27.55，总体很稳定，但也在逐步回升，并没有出现往年春节后迅速恢复的一个拐点，如图 11-21 所示。

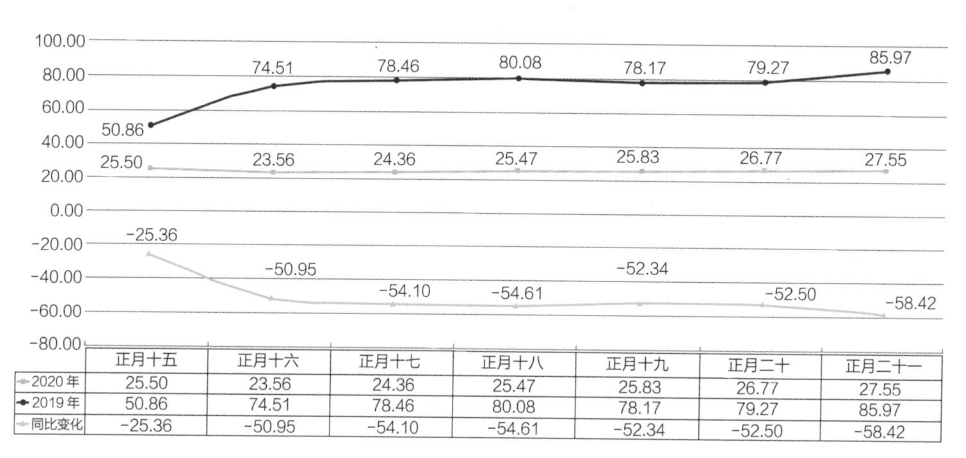

	正月十五	正月十六	正月十七	正月十八	正月十九	正月二十	正月二十一
2020 年	25.50	23.56	24.36	25.47	25.83	26.77	27.55
2019 年	50.86	74.51	78.46	80.08	78.17	79.27	85.97
同比变化	-25.36	-50.95	-54.10	-54.61	-52.34	-52.50	-58.42

图 11-21　某省企业用电复工电力指数趋势图

电力杆塔共享分析

电力公司电力杆塔资源丰富、分布广泛，且绝大部分杆塔可以满足无线基站和通信光缆附挂的需求，同时电力杆塔建设标准高于运营商通信杆塔，光缆挂点高、不易遭外力破坏，运行率超过 99.99%，具备很大的市场潜力，商业价值较大。

某省电力公司设计并开发了“电力杆塔共享分析”数据产品，可以为电信运营商提供杆塔选址支撑，引导运营商深化通信设施共建共享，推进电力杆塔资源在信息通信领域的商业化运营，在电力基础资源与社会通信领域实现跨行业资源共享，盘活存量资产，培育新的利润增长点。

（1）应用背景。

通过大数据分析技术，依托某省电力公司海量电力杆塔设备数据，分析不同行业设计规范在设计原则、关键参数、计算方法等方面的差异，结合不同电压等级、不同共享需求，开展共享杆塔差异化结构设计研究，针对各类应用场景形成杆塔共享通用设计。通过深度挖掘电力杆塔数据价值，以“共享匹配”的形式，构建多维度的电力杆塔共享场景，刻画电力杆塔共享特征，在保障电网安全生产的前提下，使用户能够快速获取电力杆塔画像信息，提高杆塔共享服务的精准度，增强电力增值业务服务能力。

（2）实现设计。

根据杆塔共享业务特性和场景涉及的杆塔数据来源及对场景的支撑情况，杆塔共享分析从杆塔地理位置、电压等级、安全距离、塔身载荷、使用年限、机房供电等维度建立共享分析模型，不同应用场景按照不同的特性进行分析。杆塔共享分析主要涉及以下内容：

①杆塔基础数据分析：整合现有杆塔数据资源，基于《基础资源共享设计与安装指导意见（试行）》《35kV 及以上线路工程与无线通信共享杆塔设计与安装技术导则（试行）》《10kV 配电线路共享电杆设计与安装技术导则（试行）》等要求，从杆塔资源电压等级、安全距离、塔身载荷、使用年限、机房供电等方面着手，初步筛选可共享的电力杆塔。

②杆塔匹配共享分析：实现杆塔单点匹配 / 区域匹配、线路规划两个方面的业务场景分析。

a. 杆塔单点 / 区域匹配分析。

从目标位置、检索半径、基站类型、天线安装高度、天线数量、设备重量、设备尺寸、机房需求、引电需求等维度进行杆塔共享能力分析。通过固定地址查询位置、区域选取、手工输入经纬度等方式，匹配分析杆塔设备参数，筛选位置周边满足共享条件的杆塔资源。

b. 杆塔线路规划分析。

根据用户所选位置，对线路连接路径进行规划，基于最短路径及相关性分析算法提供杆塔最少、线路最短、造价最低三种规划方案供用户选择，使用户可以对规划方案中基站、光缆部署进行充分评估、合理规划。

（3）分析方法。

①基于 ES 搜索引擎构建电力杆塔共享分析服务搜索引擎，满足电力杆塔的单点匹配、区域匹配、线路规划等场景应用需求。

②通过最短路径、相关性分析、聚类分析等算法进行杆塔匹配、线路规划，为用户实时筛选出符合预期的电力杆塔资源。

③将杆塔数据、订单数据等多角度多层次的数据进行有机整合，构建多层次、多视角、立体化的客户杆塔需求模型，实现对电力杆塔共享特征刻画，从而向某省电力公司电力无线专网、铁塔公司、电信运营商、社会公共行业等用户提供杆塔选址服务。

（4）应用成效。

①电力杆塔共享分析服务。

电力杆塔共享分析以“创新、协调、绿色、开放、共享”为理念，以“共享匹配”的形式，构建多种杆塔共享分析场景，向某供电公司电力无线专网、铁塔公司、电信运营商、社会公共行业等用户提供一站式杆塔选址服务。“电力杆塔共享分析”数据产品的功能如图 11-22 所示。

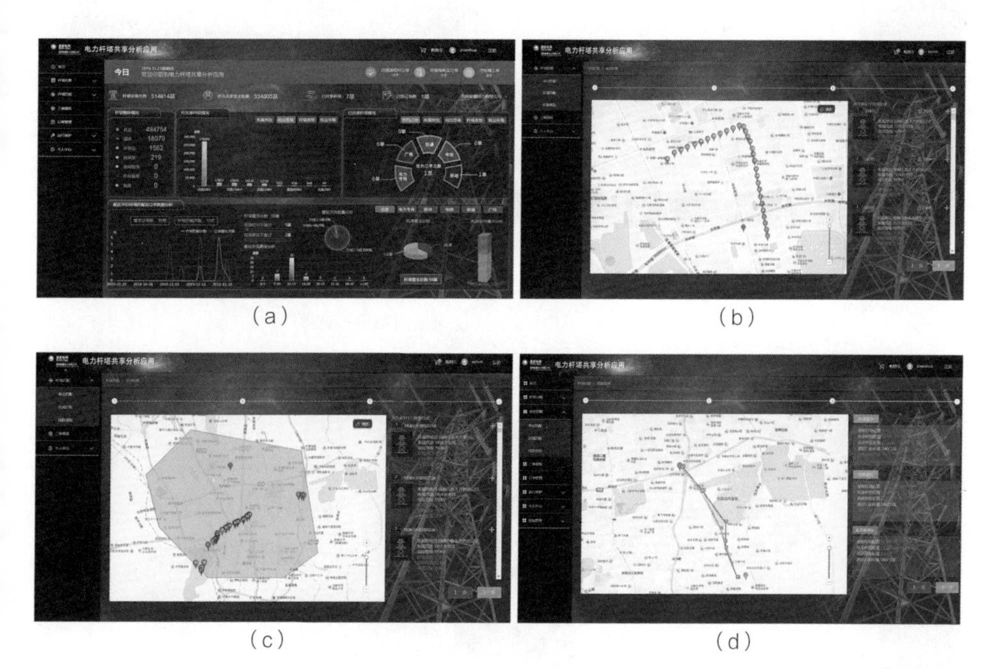

图 11-22 “电力杆塔共享分析”数据产品功能
（a）产品综合界面；（b）杆塔单点匹配；（c）杆塔区域匹配；（d）杆塔线路规划

②杆塔共享分析试点应用。

a. ±1100kV 某换流站通信基站选址规划试点业务应用。

某换流站作为世界上电压等级最高、输送容量最大、输送距离最远、技术水平最先进的特高压输电工程起始端，具有极其重要的战略地位及影响力。工程采用宏站建设模式，通过杆塔共享分析应用，确定在铁塔塔身安装 5G 宏基站。某换流站通信基站选址规划试点如图 11-23 所示。

b. 220kV 某变电站通信基站选址规划试点业务应用。

某变电站通过电力杆塔共享分析产品进行杆塔选址，选定在 220kV 杆塔塔身安装通信基站天线，通信基站采用宏站建设模式。某变电站通信基站选址规划试点如图 11-24 所示。

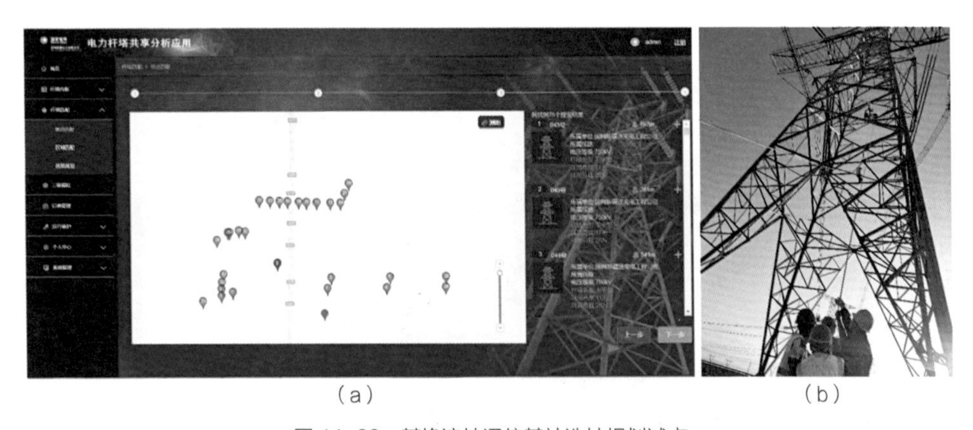

（a）　　　　　　　　　　　　（b）

图 11-23　某换流站通信基站选址规划试点

（a）某换流站基站选址；（b）某换流站基站效果

（a）　　　　　　　　　　　　（b）

图 11-24　某变电站通信基站选址规划试点

（a）某变基站选址；（b）某变基站选址效果

某省能源大数据中心

2016 年，国家印发的《关于推进“互联网 +”智慧能源发展的指导意见》，提出发展能源大数据服务应用。能源大数据涉及电、煤、石油、天然气、供热等能源领域及气象、经济、交通等领域，建设能源大数据中心可开展面向能源生产、流通、消费等环节的新业务应用与增值服务，带动能源数字经济发展，赋能融合实体经济，从而打造共建、共享、共赢的能源大数据生态圈。

某省能源大数据中心被工业和信息化部正式列入国家新能源行业工业互联网示范平台，入选 2018 年工业互联网 App 优秀解决方案，成为某省“领跑者”基地数据中心。2019 年 4 月 9 日，经某省能源局授牌，升级为某省能源大数据中心，成为全国首家政府主导、企业承建的能源大数据中心。同年 5 月 29 日，经某省工业和信息化厅授牌，成为省内首个由政府统一制定规划的工业互联网示范平台。

（1）平台架构。

某省能源大数据中心可分为感知采集层、网络层、平台层、应用层四层架构，如图 11-25 所示。

①感知采集层。

通过新建一套独立于电网调度业务的采集装置实现对新能源厂站测点数据和光伏、风机设备运行状态的采集。

图 11-25　能源大数据中心平台架构

②网络层。

通过在调度数据网开通独立数据通道实现对站端数据的传输。

③平台层、应用层。

分为两部分，一部分是服务于新能源企业集控业务的绿能云网集控平台，部署于生产控制大区（Ⅰ区、Ⅱ区），主要负责接入厂站实时数据并缓存至本地，支撑各发电集团对通过统一平台对新能源厂站实施监控和远程控制业务。同时通过单向隔离装置，将采集数据全量推送到部署信息管理大区（Ⅲ区）的大数据平台中。另一部分是部署于Ⅲ区的大数据平台，主要负责存储全量采集数据和接入其他内外部数据（如气象数据等），并承载功率预测和设备运行状态分析等数据增值业务。

安全方面，严格按照二次安全防护要求开展，与调度安全级别和要求相同。

平台实现源、网、荷侧多源异构数据的实时采集，实现风机部件级、光伏板件级最小颗粒度数据采集，采集频率5~7秒/次，累积接入数据已经超过65亿条，每日新增数据量超过80GB，高效支撑各类行业应用构建和使用。

（2）业务服务情况。

该中心应用互联网思维，建成了国内首个数据汇集、存储、服务、运营一体的新能源大数据创新平台。从面向电网、用户、发电企业等方面拓展新业务、新业态，实现“平台＋生态”“引流＋赋能”，着力打造能源优化配置平台、价值创造平台和综合服务平台，与产业链上下游和全社会共享发展成果。

①平台生态。

依托电网中心环节的优势，通过集中监控、能耗监测等服务形式，汇集包括能源生产、传输、转换、消费等各类数据，提供基础设施服务、平台服务、应用服务，吸引、培育、支撑第三方研发团队挖掘数据价值，构建创新的应用和服务模式，为包括政府、发电企业、电网企业、能源企业、装备制造企业、金融服务企业等在内的能源产业链所有相关方提供服务，打造相互促进、双向迭代的良性生态。

截至目前，大数据平台接入省内17家发电企业共计200座清洁能源电站，总装机容量达到6110兆瓦。已聚集了来自全国不同地区的上游企业13个，提供的服务种类25类，包括政府部门、发电企业、金融机构等不同类型的39家下游企业客户正在使用这些应用和服务，每个入驻平台的企业都能享受到园区提供的场地、信息通道、办公设施、后勤保障等基础服务，享受到平台所提供的数据存储、计算分析、研发支撑等技术资源，以及平台所提供的最新信息资讯、先进的技术成果。初步建成覆盖“源网荷储”的能源产业链生态圈，实现能源产业链各方共生共赢，如图 11-26 所示。

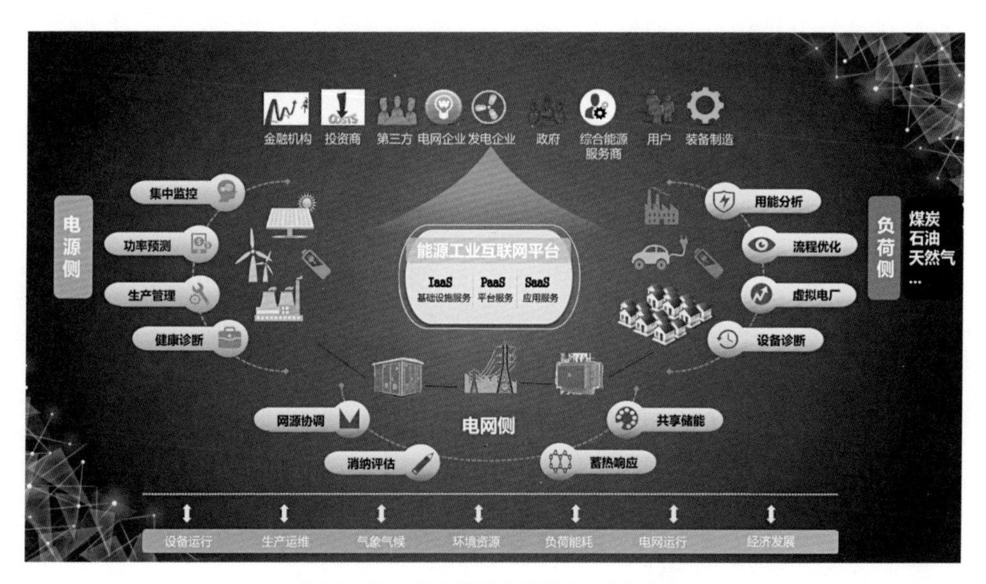

图 11-26　某省能源大数据中心平台生态

②业务服务。

以新能源发电作为切入点，在电源侧围绕着发电企业降本增效提供了集中监控、功率预测、健康诊断等服务；在电网侧围绕着电网安全稳定运行和新能源消纳，提供了网源协调、网源规划、共享储能等服务；在负荷侧围绕企业提质增效、节能降耗提供了能耗分析、设备管理等业务，建成工业互联网平台，形成融合全产业链、全价值链的能源互联网生态圈。

a. 在电源侧。

主要有集中监控、功率预测、健康诊断、生产管理、辅助交易、共享运维等，其中集中监控、数据转发、集中功率预测、生产管理、扶贫管理、视频监控 6 类业务已经商业化运营。

做得比较成功的是集中监控和功率预测，对发电企业出租集中监控的办公场所，通过集中监控系统，不同的发电集团可以对自己所属的电站进行集中的远程监测、控制和管理。以某集团为例，某集团目前接入 5 座光伏电站、5 座风电场、1 座储能电站。通过专用的通信通道，按照调度管理规定在调度指令下可以实现对光伏逆变器和风机的远程批量化启停控制，推动新能源电站“无人值班，少人值守”数字化运行模式的转变。截至目前，6 家新能源企业 45 座电站实现了“无人值班、少人值守”的运行模式，为发电企业节约运行人员成本 40%。对新能源场站按装机容量分级收取服务费。

在集中功率预测业务方面，引进中国气象局、美国、欧洲、西班牙四类气象源数据，进行分类择优，并接入某省区域 23 座国家气象观测站，可以提供全省和全国的数值天气预报。采用自由竞争模式，引入目前国内主流的 4 家功率预测服务提供商对同一座电站开展功率预测，实现了新能源电站的短期和超短期预测，并根据西北能源监管局“两个”细则的考核要求，将电站的预测准确率、上报率等指标折算成考核分数。这些信息对于入驻的发电企业是开放透明的，这样每个场站可以直观地看到哪家预测方提供的预测精度最高，就可以通过平台下单、灵活购置的方式选择适合自己的功率预测服务商。平台抽取一定佣金。这种模式打破了原有场站单一、固定的功率预测服务模式，降低了电站考核风险。

b. 在电网侧。

主要是围绕电网安全稳定运行和新能源消纳，提供网源协调、消纳能力评估、蓄热装置响应、共享储能等服务。创新共享储能业务，2019 年 4 月 21 日 ~30 日，平台促成某省多笔共享储能市场化交易。10 天试点交易期间，储能电站累计充电电量 80.36 万千瓦时，累计放电电量 65.8 万千瓦时。在参与辅助服务方面，6 月 18 日启动共享储能辅助服务市场，采取多方竞价方式扩大市场交易规模。6 月 ~10 月共享储能累计调峰充电电量 1050.84 万千瓦时，累计放电电量 824.88 万千瓦时。下一步，将探索区块链技术进行电力市场交易，开展电力辅助交易等业务。

c. 在负荷侧。

针对水泥建材企业提供包括企业生产综合能源管理、工业设备智能管控、工业设备健康诊断等 3 类服务，还有一类是蓄热锅炉监控业务。

（3）**商业模式。**

根据服务类别主要有平台租赁模式、开放竞争模式、增值服务模式等。

①平台租赁模式。

为发电企业提供线下“数据公寓”+线上“集控平台”的租赁服务，降低客户初始投资成本和维护成本，确保符合电力安全，提升效率、质量和投资收益。

②开放竞争模式。

打造开放共享平台，建立统一服务评价机制和评价标准，引入领域顶尖产品供应商自由竞争，优胜劣汰。

③增值服务模式。

为客户提供定制化的数据分析挖掘、数据可视化等增值服务，解决政府机构、工业企业用户在管理、生产、经营中存在的问题和业务需求。

数据管理

某省电力全方位数据管理

某省电力公司强化数据管理组织职能，对公司数据管理工作进行统一领导和统筹推进，全面开展数据管理体系建设，打通专业壁垒，促进数据共享融通，充分挖掘数据价值，增强公司数字化运营能力，不断推动公司精益管理和创新发展。

（1）组建数据运营管理中心。

数据运营管理中心是某省电力公司开展企业级数据全方位管理和精益化运营的核心枢纽机构，负责公司数据架构管理、元数据管理、数据标准管理、数据质量管理等核心管理职能，同时基于公司数据中台履行数据运行监测与分析、数据质量监测与稽核、数据资源开放与共享、数据价值挖掘与创新、数据安全防护与服务等枢纽运营职能，实现公司数据资产全业务范围、全时间维度、全生命周期的规范管理、统一运营、高效服务。

数据运营管理中心由中心负责人、综合管控组、业务分析组、数据运营组、平台运营组构成。其中中心负责人由科技互联网部（即信息化职能部门）主任及信通公司（即数据运营管理单位）分管领导担任；综合管控组主要由科技互联网部建设处、数据处、监测分析处相关人员组成，主要负责数据综合业务管控；业务分析组主要由公司本部职能管理部室数据处相关人员构成，主要负责各专业数据管理、需求分析、质量管理、数据挖掘等工作；数据运营组及平台运营组主要由信通公司（即数据运营管理单位）业务支撑及平台支撑人员组成，主要负责数据管理及运营技术及业务支撑，如图 11-27 所示。

数据运营管理中心发挥“横向协同，纵向管控”职能，整合公司各类数据管理资源，确保“四管理、五运营、七服务”落地执行，如图 11-28 所示。

（2）打造企业级数据智慧导航门户。

以应用需求为导向，打造“数据可知、数据可用”的数据服务门户，面向公司各专业、各单位提供既易用又开放的数据共享服务，充分发挥数据潜在价值，解决企业数据应用“最后一公里”的问题。门户通过将应用系统、数据资源、信

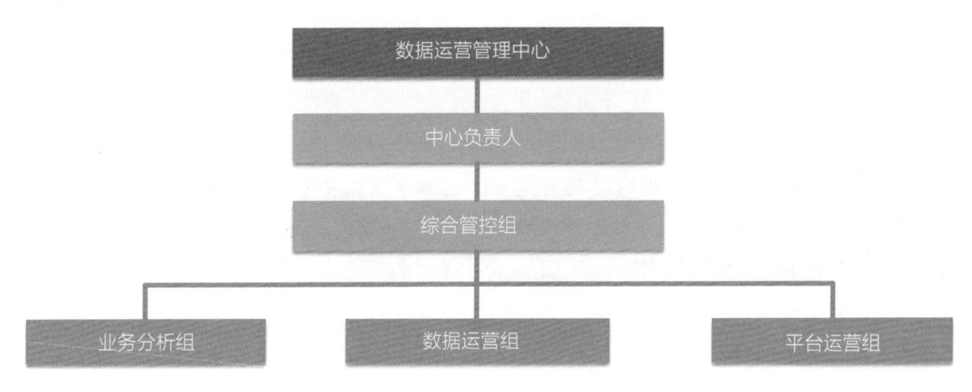

图 11-27　数据运营管理中心组织机构图

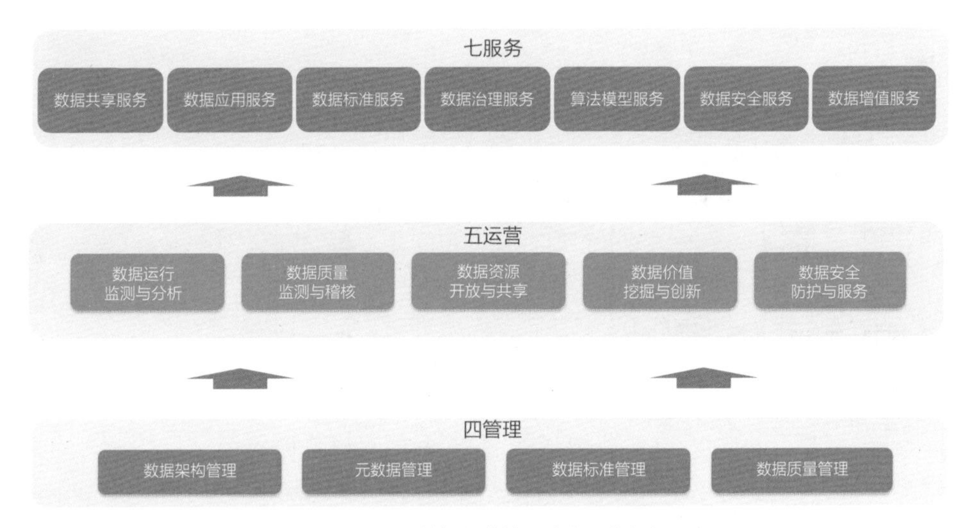

图 11-28　数据运营管理中心职能框架

息公告集成在统一的信息门户之下，实现“人员集成、界面集成、流程集成、业务集成、消息集成、应用集成”，为员工提供统一的数据门户，根据员工的角色权限提供个性化服务，如图 11-29 所示。

企业级数据智慧导航门户提供数据搜索、数据要闻、数据资源、数据服务、数据应用、管理制度、数据平台、数据工具、数据学院等九大模块，主要服务于各业务部门或地市公司，以及在同一 IP 地址下访问的用户，为用户提供便捷的数据资源统计与操作。

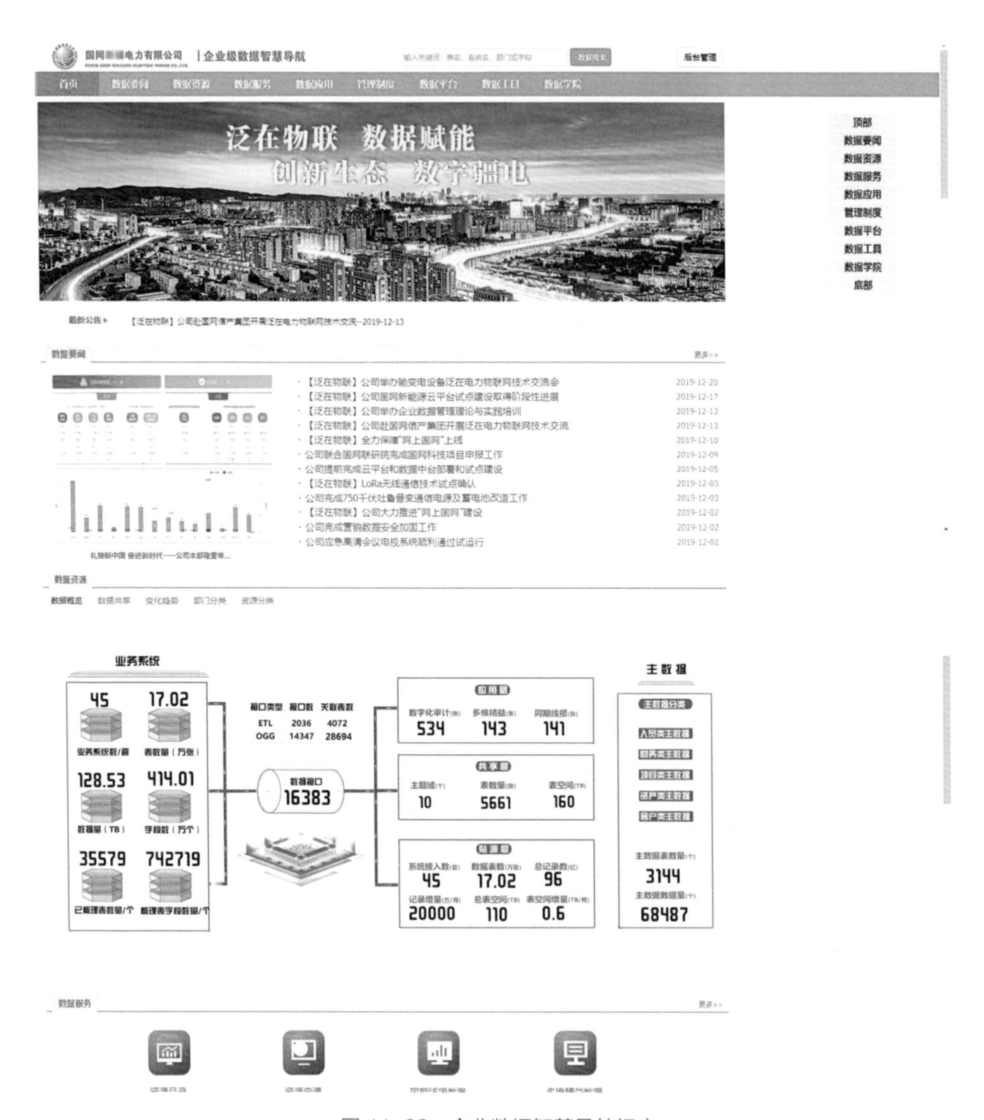

图 11-29 企业数据智慧导航门户

（3）**建设数据运营管理平台。**

依托全面数据运营管理服务体系，打造涵盖数据运维管理、数据资产运营、数据查询检索、数据资产共享、数据挖掘分析、数据产品服务的“一站式”综合型数据资产运营管理服务平台，支撑公司全方位数据管理工作的高效开展，促进公司数据资产化管理转型，激活数据资产价值，推进电网数字经济发展，如图 11-30 所示。

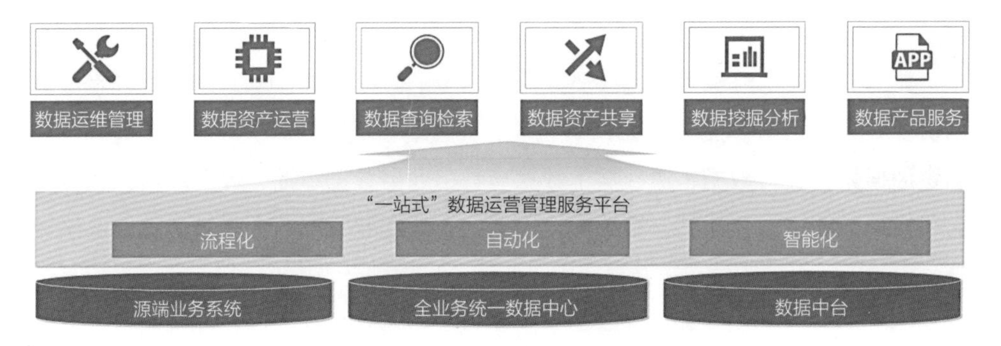

图 11-30 数据运营管理服务平台

面向省、地市公司的两级业务用户提供“一站式”数据资源查询，支持业务数据查询申请，支持业务数据查询，基于数据资源目录开展数据资源应用；面向数据管理用户提供数据资源盘点、数据资产运营、数据权限管控等支撑，如图 11-31 所示。

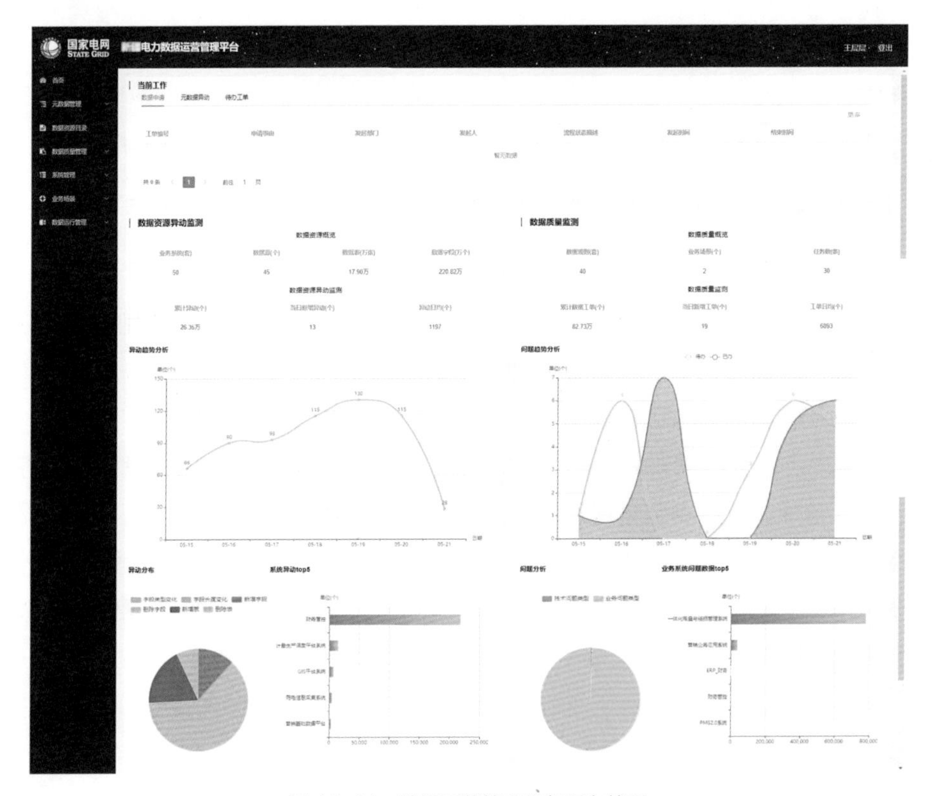

图 11-31 数据运营管理服务平台首页

（4）**构建数据资源共享目录。**

数据资源共享目录为业务人员提供全方位的数据资源信息，改变过去底层数据资源“黑匣子”“找数据困难”等困境，为公司各类用户提供数据资源查询、数据资源搜索、业务数据申请、样本数据查看、业务数据审批、数据接口开放等服务，实现数据资源查得到、看得懂、用得上，帮助业务部门全面掌握本专业的数据资源情况，有效支撑数据共享应用，如图 11-32 所示。

实时采集、在线监控

实时采集源端数据结构、动态生成数据资源目录，实现数据资源的统一管理与共享

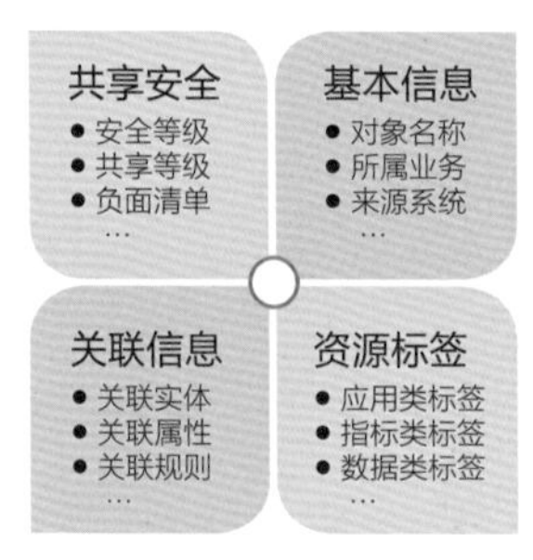

多维诠释，数据认知

提供多维度、全方位的数据资源信息，改变过去底层数据资源“黑匣子”认知

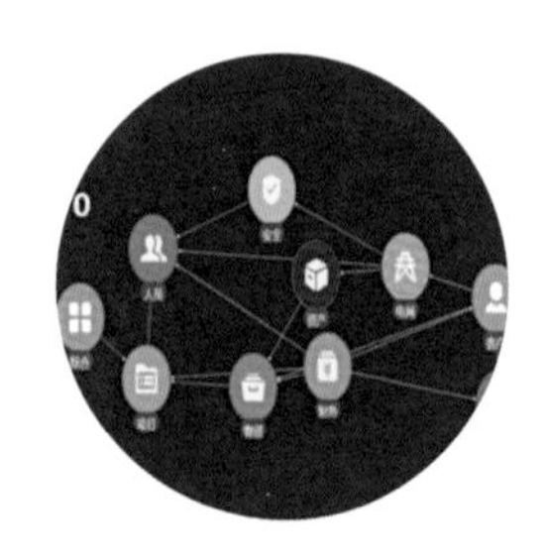

全景视图，资源可视

通过数据资源信息可视化转变，形成公司数据资源全景视图，加强对数据资源的直观认识

图 11-32　数据资源共享目录

（5）**建立省、地、县三级数据管理体系（如图 11-33 所示）。**

为有效整合省、地、县三级数据管理资源，落实各层级数据管理职责，解决基层数据管理实际问题，促进公司数据管理体系各项工作落地发展，建立了省、地、县三级联动的专业工作机制。

工作内容覆盖数据架构管理、数据标准管理、数据质量管理、数据应用管理、数据共享管理、数据安全管理及考核评价管理七部分，按照省、地、县层级明确工作内容、管理职责及工作流程，制定了技术路线管理、数据标准管理、省级数据质量稽核、地市级数据质量稽核、数据应用构建、数据资源盘点、数据共享等八大主要工作流程。

在三级数据运营管理团队构成方面，遵照《某公司数据管理实施细则》分工，团队组成如下：

省公司数据运营管理团队主要由科技互联网部（即信息化职能部门）、各职

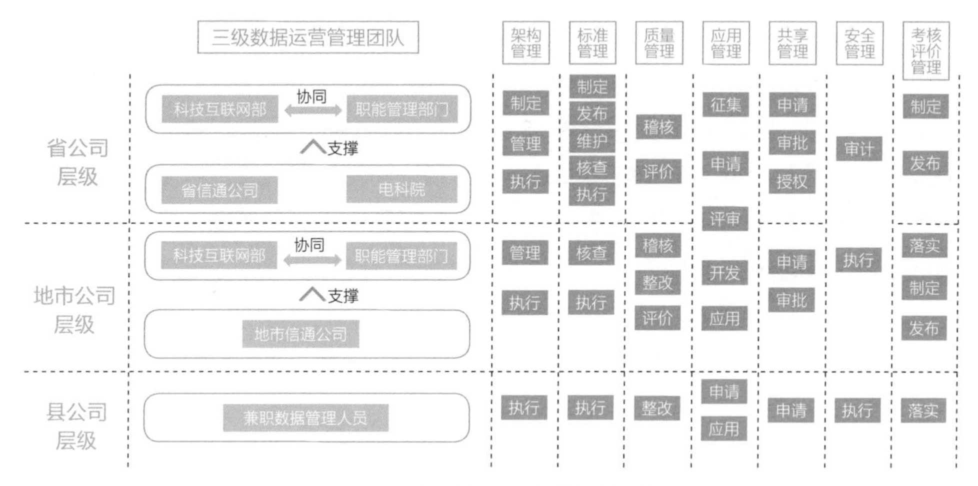

图 11-33　省、地、县三级数据管理体系

能管理部门、省电力科学研究院、省信息通信公司（即数据运营管理部门）组成。其中科技互联网部为公司数据归口管理部门，各业务部门为各专业数据的责任主体，省信息通信公司是数据管理的专业支撑机构，省电力科学研究院是数据管理的技术支撑机构。

地市公司数据运营管理团队主要由地市公司科技互联网部、各业务职能部门、地市信息通信公司组成。其中地市公司科技互联网部为归口部门，各业务职能部门为各专业数据的责任部门，信息通信公司为数据管理工作的支撑机构。

县公司数据运营管理团队主要由县公司兼职数据管理人员组成，为数据管理工作的执行机构。

某省能源互联网大数据实验室

能源互联网是能源系统和互联网深度融合的产物，是以电力为枢纽和平台的新一代能源系统，其目标是构建绿色低碳、安全高效和开放共享的能源生态。而能源互联网需要通过数据互联来实现能源资源的数据化和透明化，并将数据开放给产消者，达到数据共享，从而实现能源资源的供需对接和盘活优化。

能源互联网中的数据源覆盖能源的生产、传输、转换、调控、交易和消费等各个环节，涉及数以亿计的设备和系统，这些设备和系统的规划和运行过程产生了大量的数据；同时，能源互联网具有互联网的特性，涉及对能源互联网有影响的经济、社会、政策、气候、用户特征、地理环境等外部数据，因此，能源互联网也可看作是一个由内、外部数据构成的大数据系统。

某省电力公司建设的能源互联网大数据实验室，获得省工业与信息化厅授牌，打造省级能源互联网大数据创新实验平台，推进信息通信技术、控制技术与先进能源技术深度融合应用，聚焦技术创新、产品创新、模式创新和人才培育，促进数据要素自由流动、数据产品高效创新、数据人才广泛交流，打造共享共创、共生共赢、协同发展的能源互联网大数据科研生态圈，充分挖掘能源互联网数据价值，助力公司成为能源互联网企业，驱动电网实现高质量发展，提供某省数字经济新动能。

（1）实验室建设思路。

培训数据人才新环境，打造企业数据文化传播器。建立健全数据人才引进、交流、培养相关机制，营造开放、创新的文化氛围，凝聚各界高端数据科研力量，打造数据人才先锋队伍，结合电力行业特点及发展规划，共同培育一批掌握数据科学、理解专业业务的复合型分析人才，带动企业形成数据文化，助力公司数字化转型。

培植数据开放新形态，打造区域数据创新激发器。以云平台、数据中台、物联管理平台为基础，构建大数据创新实验能力开放平台，吸引省政府、企业、科研等机构共同参与平台建设使用与能力创新完善，不断扩大实验室资源辐射范围，谱写省内领先的能源互联网大数据创新实验能力开放领域新篇章。

培养数据应用新能力，打造行业合作生态孵化器。坚持高起点、高标准、高定位，围绕数据科学理论、大数据计算系统与分析等重大基础研究进行前瞻布局，加快科研攻关、试验检测、优质服务的能力建设，提升大数据实验室对全行业的服务能力，向政府、社会、企业等提供一批优质服务。打造共享共创、共生共赢、协同发展的能源数据资产运营生态圈。

培育数据服务新模式，打造公司数字转型加速器。大力创新技术研究和联合运营型业务，创新公司数据运营模式，以数据开放共享为理念，打造集数据资产、服务目录、数字产品、典型应用于一体的数据运营中心。围绕国家治理现代化、数字经济发展、公司智慧运营等重点工作部署，沉淀数据、推敲算法、打磨产品，创新数据密集型应用，数据与应用相互融合相互带动，推动公司实现数智化运营，支撑公司战略目标落地。

（2）**实验室组成。**

以公司本部为主体，汇聚公司各单位新技术研究、数据管理、业务运营等骨干人才，建立数据科学研究队伍，设立实验室主任、技术研究组、数据管理组、产品孵化组、安全标准组，并设立技术委员会。同时，在行业主管部门的授权下，成立能源互联网大数据联盟，吸纳政府、高校、企业等机构参与到能源互联网大数据实验室的建设运营，形成新业务、新业态、新模式。实验室组成如图 11-34 所示。

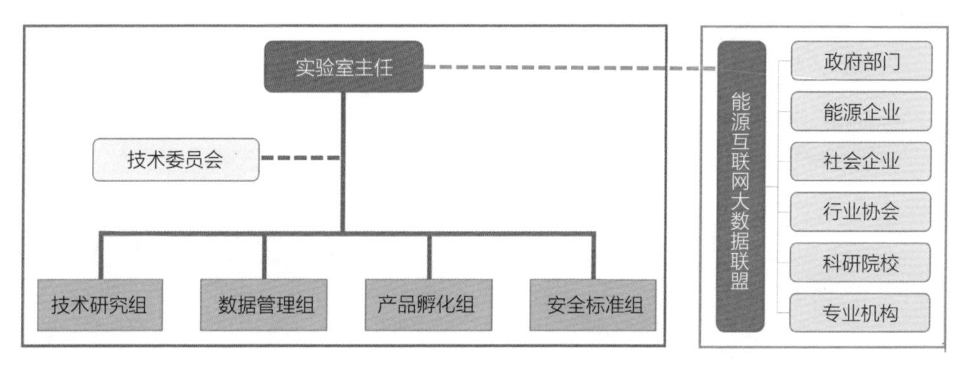

图 11-34　实验室组成

（3）**实验室环境与平台。**

①基础环境准备。

内网实验环境，配备 5 个机柜，50 台设备，其中服务器 43 台，交换机 7 台，满足未来三年内网实验室运行需求；同时内网现运大数据平台存储计算集群可通过租户隔离的方式共享存储计算资源用于大数据实验产品的运行研究。外网实验环境，在公司互联网大区部署一套约 15 节点小规模大数据集群，提供 Hadoop 核心组件、常见生态技术产品框架和集群管理平台，用于支撑外网大数据分析挖掘技术研究。

②内网实验平台。

内网数据实验基础支撑主要依托公司华为云平台、物联管理平台、数据中台进行构建，同时利用公司现运大数据平台，通过租户隔离的方式共享存储计算资源，支撑电力数据价值挖掘分析应用和研究。

③外网实验室平台。

技术研究平台，互联网大区部署一套小规模大数据集群，涵盖 Hadoop 核心组件、常见生态技术产品框架和集群管理三大板块。随着生态技术框架的完善，动态孵化成功的产品，逐步提升实验平台能力。外网实验平台整体能力与组件分布如图 11-35 所示。

产品和服务研发平台，基于某省能源大数据中心，实现内外部数据的汇集、数据清洗转换、数据标准化，并提供大数据分析计算能力，打造面向政府、高校、电力相关单位、大企业及中小企业的创客创新服务平台，为开发团队提供代码编辑、代码测试和代码封装发布功能，为普通用户提供 BI 报表工具，实现用户自助报表开发，为产品供需双方提供信息发布服务，实现产品交易撮合。构建开发者社区，方便用户进行技术交流。

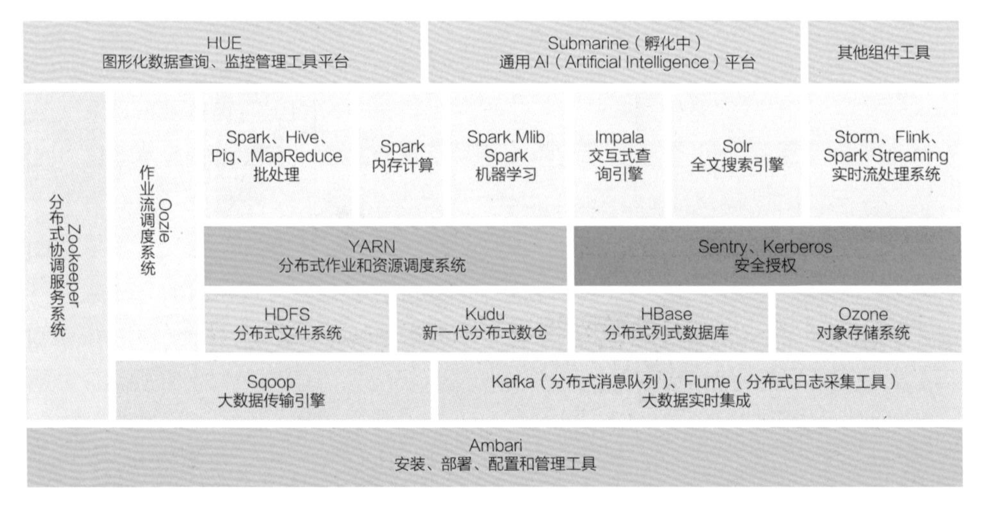

图 11-35　外网实验平台整体能力与组件分布

（4）**实验室运作模式。**

实验室实行“资源共享、技术共研、产品共创、生态共赢”的运作模式，旨在建立能源互联网数据科研创新服务平台，推进技术前沿领域研究，从技术层面为各方发展提供关键的驱动力，将实验室打造成为合作的窗口、新技术科研成果中试基地和产业化基地，如图 11-36 所示。

（5）**实验室研究方向。**

实验室主要确立了互联网技术研究应用、数字化运营和管理研究、大数据应用和服务开发、新型数字基础设施研究、数据生态构建与运营、数据安全风险防控等六大研究方向，如图 11-37 所示。

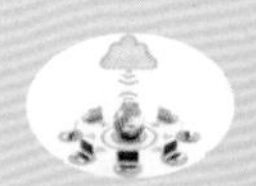

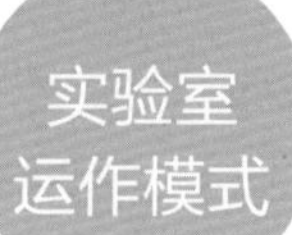

资源共享
为公司内、外部专家和技术人员提供先进的技术工具和平台资源，使有限的实验资源发挥最大的效率
技术共研
引进互联网企业、高校等科研机构，充分利用各单位在不同专业的技术优势，建立科研攻关环境
实验室运作模式
产品共创
开展典型电力数据产品和跨行业融通产品研究，促进数据应用产品孵化，实现能源互联网数据的"内增效，外增值"
生态共赢
打造互惠互利、互相使能、优势互补的生态共同体，共同应对挑战，共同分享成果，相互扶持，携手共进，建立可持续的合作伙伴关系

图 11-36　实验室运作模式

①互联网技术研究应用。

围绕大数据科学理论、大数据计算系统与分析等重大基础研究进行前瞻布局，研究大数据、人工智能、机器学习、区块链、知识图谱、数据挖掘等前沿技术，打造支撑数据采集、存储、应用等全过程运营的技术和产品体系。

互联网技术研究应用
数字化运营和管理研究
大数据应用和服务开发
新型数字基础设施研究
数据生态构建与运营
数据安全风险防控
实验室研究方向

图 11-37　实验室研究方向

②数字化运营和管理研究。

研究新兴数据运营模式，以数据开放共享为理念，打造集数据资产、服务目录、数字产品、典型应用于一体的数据运营中心，融合数据管理新技术、新理念，研究数据自动监测和清洗、数据资源智能盘点与资源目录自动构建、数据质量智能化治理等技术，促进数据资源智能管理、数据流程自动流转、数据质量智能监控，提升数据管理能力和数据服务质量。

③大数据应用和服务开发。

围绕国家治理现代化、数字经济发展、公司智慧运营等重点工作部署，研究基于核心能力的共享服务、客户服务、电网运行、经营分析、新兴业务数据应用

技术，创新数据密集型应用，挖掘电力数据价值，提炼并开发大数据应用成果，支撑公司业务创新发展和数字化转型，支撑公司战略落地。

④新型数字基础设施研究。

以云平台、数据中台、物联管理平台为基础，开展信息数字基础建设顶层设计研究，创新数字能力平台，融合大数据、云计算、区块链、人工智能等前沿技术，集成先进的数据统计分析、数据挖掘、数据可视化工具，汇集各类挖掘算法和分析模型，为5G网络、工业互联网、物联网等新型数字基础设施建设做好技术和理论支撑。

⑤数据生态构建与运营。

积极引入智库“外脑”，联合政府、企业、科研、研发等外部机构，打造创客空间和大数据联盟，深入探索大数据技术发展趋势、共同突破技术瓶颈与难点、探索技术与应用的转化，开展前瞻性研究，挖掘电力数据与生态的契合点，演化能源互联网数据生态圈。

⑥数据安全风险防控。

研读国内外与数据安全相关的法律法规和政策要点，根据相关要点，研究数据安全攻防、检测和验证技术。面向数据漏洞、数据访问行为等，研究数据安全攻防技术；针对数据加密、同态加密等数据安全防护，研究数据安全验证技术；研究面向敏感数据分类分级识别、敏感数据发现以及数据产品安全检测技术。

某省电力大数据发展研究

伴随着数字革命与能源革命的不断深入，尤其是以“大云物移智链”为代表的新一代数字技术加速突破应用，深刻改变着能源电力和经济社会发展，互联网与传统产业跨界融合已成为新常态和大趋势。这给电网企业既带来了前所未有的机遇，也带来了巨大的挑战。发展大数据，不断提升数据要素配置效率与水平，不断释放电力数据价值，有利于提升改造公司传统业务，发挥电网企业平台和资源优势，着力拓展新市场、开辟新领域、打造新业务，将传统依靠投资转变为依靠技术创新和模式创新的发展新动能。

某省电力公司分析公司大数据发展面临的机遇与挑战，充分认识大数据发展的重要性，坚决落实中央实施大数据战略的决策部署，以问题、价值为导向，结合地区能源资源禀赋优势和省情企情实际，组织开展了大数据发展专项研究，提出了发展目标思路、发展重点和关键举措，以指导公司大数据业务的开展，旨在从单纯的电力数据应用管理向综合能源大数据服务转变，沿着“电力大数据——能源大数据——能源互联网大数据”的数据演进路径形成能源互联网大数据生态。

（1）**大数据发展的总体架构。**

某省电力公司大数据发展的总体架构如图 11-38 所示，包括一个发展愿景、五个发展目标、六项主要任务、五大重点工程以及四项保障措施。

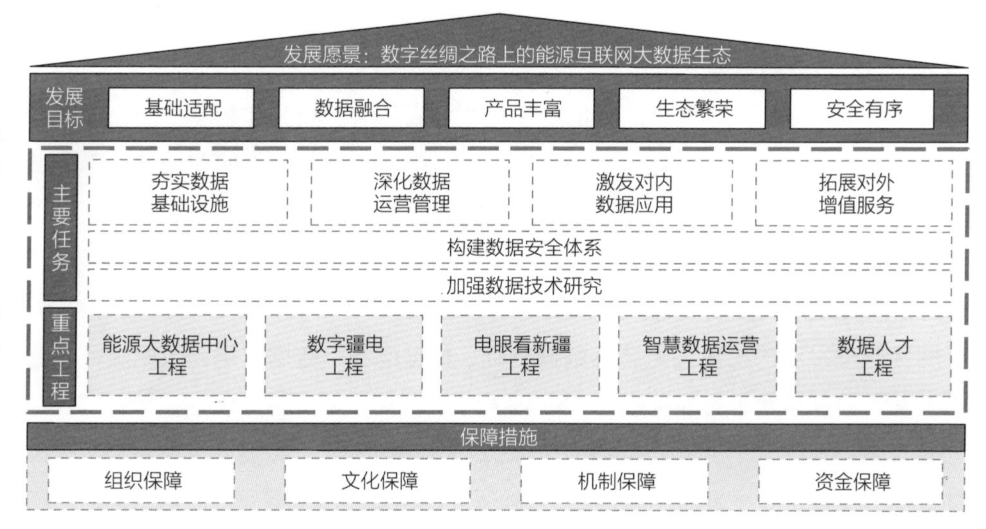

图 11-38　某省电力公司大数据发展的总体架构

（2）**大数据发展的愿景和目标。**

以“数字丝绸之路上的能源互联网大数据生态”为愿景，以电力数据为核心，连接各领域数据，沉淀广泛互联的能源互联网大数据，将数据优势转化为资源整合优势，促进数据有序、自由流通，释放数据要素价值，助力政府治理现代化、推动公司数字化转型、发展竞争性业务，形成基础适配、数据融合、产品丰富、生态繁荣、安全有序的能源互联网大数据生态。

①基础适配。结合 5G、云平台、数据中台、物联网等数字基础设施，建设符合该公司发展需求的数据基础平台，实现对数据资源的管理与监控，支撑公司开展企业级数据分析与应用，夯实该公司构建能源大数据生态基础。

②数据融合。持续推进业务数据化，突破数据贯通的关键技术，完善数据流

通相关制度建设，探索电力数据与能源数据及其他外部数据的连接，汇聚融合数据，实现“像用电一样用数据”。

③产品丰富。探索符合公司特色的大数据服务场景，丰富和完善增值服务产品，打造一批有价值、有亮点、有影响力的应用服务，推动大数据产品的广泛应用与落地，驱动新业务发展，实现电网更聪明、企业更智慧、服务更贴心，助力社会治理现代化，树立数据应用服务的典范与落地标杆。

④生态繁荣。以数据为核心资源、能源大数据中心等为载体，发挥数据的倍增效应，培育能源互联网生态的新模式、新业态，充分发挥电网企业枢纽作用，构建合作共赢、价值共享的能源互联网大数据生态圈，促进能源行业数字化转型，推动数字经济健康发展。

⑤安全有序。建立健全的数据安全和个人隐私保护的管理制度，加强先进数据安全技术的应用，全面保障数据生产要素在有序流通过程中的安全性，形成满足公司应用和市场服务需求的数据安全技术保障能力和保障体系。

（3）大数据发展的主要任务。

大数据发展的主要任务涵盖数据基础、数据运营、数据应用、数据服务、数据安全、数据技术等方面，如图 11-39 所示。其中，数据基础设施和数据运营管理是大数据发展的“土壤”，为大数据发展提供营养基础；数据安全体系和数据技术研究是支撑大数据发展的“根茎”，确保大数据发展茁壮健康；对内数据应用和对外增值服务是大数据发展的“花果”，是大数据价值最终的释放与体现。

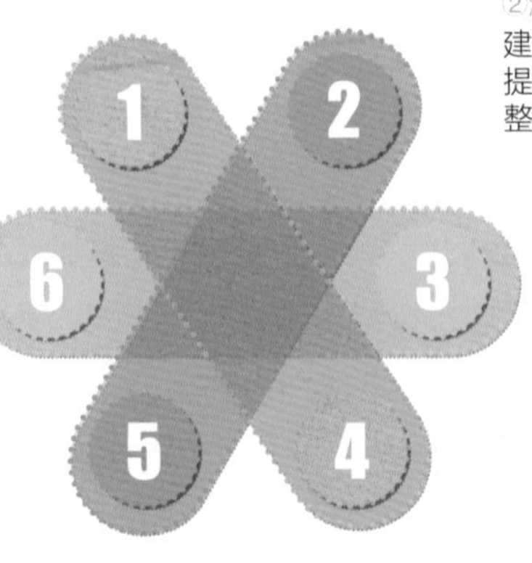

①夯实数据基础设施
深化云平台和数据平台建设、建立数据流监测体系、建设对外服务大数据平台
②深化数据运营管理
建立健全数据运营管理体系、提高数据治理水平、实现数据整合及共享个共用等
③激发对内数据应用
数据驱动电网安全运行、资产智能管理、企业智慧运营、客户精准服务
④拓展对外增值服务
深度挖掘数据服务需求、创新打造数据服务示范、积极推进数据生态合作
⑤构建数据安全体系
夯实数据安全基础、推进数据安全合规管理、建立数据全生命周期安全能力
⑥加强数据技术研究
数据采集、转换、存储、计算能力、数据可视化展示能力、大数据技术研究
1
2
3
4
5
6

图 11-39　大数据发展的主要任务

①夯实数据基础设施。开展云平台、数据中台等基础数据管理平台建设，实现业务系统及应用快速便捷部署，提升公司基础资源利用效率和统筹能力。建立省、地两级共同参与，覆盖资源、链路、数据全过程的数据流监测体系。基于云平台、数据中台构建多元数据融合能力，建设对外服务大数据平台，支撑能源大数据中心等跨领域应用场景落地。

②深化数据运营管理。加快形成跨部门、跨专业、跨领域一体化的数据资源和数据运营管理体系。结合数据中台建设，促进公司统一数据标准落地应用，建立健全数据质量管理工作机制。构建数据服务体系，更新数据服务目录，统一数据服务入口，常态化开展数据服务运营，实现公司内、外部按权限范围提供检索、统计、交换、脱敏等数据共享服务。

③激发对内数据应用。明确不同时期公司级、专业级的大数据应用场景体系及实施路径，形成大数据在公司各项业务的应用，数据驱动公司实现电网安全运行、资产智能管理、企业智慧运营、客户精准服务等。常态化提供大数据的运营服务，形成一批大数据应用的拳头产品体系，全面助力传统业务升级发展和新兴业务开拓创新。

④拓展对外增值服务。加强政企联动与外部合作，加强生态上下游的合作，依托公司能源大数据中心，汇聚形成共享可用的数据资源库，建设具有一定规模的服务需求库和数据设备共享平台，开展数据产品敏捷迭代研发，拥有完善的对外服务能力，打造特点突出、价值显著的大数据服务场景，形成共荣共享的能源大数据生态。

⑤构建数据安全体系。全面建成覆盖全方位的数据安全管理制度体系与基础设施，建立数据安全合规管控平台，依托数据安全工具提升公司数据全周期安全防护管理水平，加强数据安全攻防演练，构建数据安全专业态势感知能力，夯实数据安全基础，筑牢公司大数据安全防线。

⑥加强数据技术研究。提升数据采集及转换、数据存储及计算、数据可视化展示、数据分析处理及知识发现等方面的大数据服务基础支撑能力，聚焦大数据应用前沿技术研究，建成“大云物移智链”技术支撑融合体系，形成具有企业生产经营特色的大数据算法模型库，为公司生产经营活动的研判、分析、决策提供有效支撑。

（4）**大数据发展重点工程。**

在大数据发展主要任务基础上，近几年公司将开展 5 项重点工程，如图 11-40 所示。

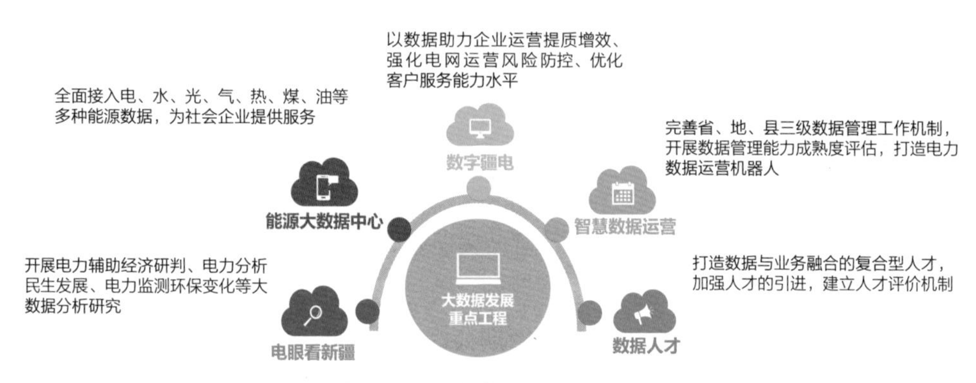

图 11-40　大数据发展重点工程

①电眼看新疆工程。依托电力客户当前及历史的电量、负荷等数据，结合外部数据，发展以电力辅助经济研判、以电力分析民生发展、以电力监测环保变化等大数据业务。

②能源大数据中心工程。联合地方政府、能源企业和其他数据运营主体，建设能源大数据中心，汇集各类能源生产和消费数据，开展多维度推进数据融合、多领域打造数据应用、多方面凝聚生态合作伙伴等工作。

③数字疆电工程。变流程驱动为数据驱动，以数据助力企业运营提质增效、以数据强化电网运营风险防控、以数据优化客户服务能力水平，实现电网企业数字化转型。

④智慧数据运营工程。建设省、地、县三级数据管理工作机制，开展数据管理能力成熟度评估，打造电力数据运营机器人，提高数据运营的智能化水平。

⑤数据人才工程。打造数据与业务融合的复合型人才队伍，加强数据人才的引进构建人才交流平台，建立与数据发展相适应的人才评价机制，为公司大数据业务发展提供优秀人才。

营配贯通数据质量治理

为进一步加快推进营配调贯通建设工作，提升营配调贯通相关系统数据同步的质量，以及数据贯通的及时性，某省电力公司于 2016 年 10 月 28 日部署上线了新版营配调贯通数据异动接口程序。新版异动接口程序中 PMS 2.0 系统负责将变电站、线路、变压器等台账信息及时准确推送到数据中心，GIS 1.6 系统负责将站—线、线—变、变压器—接入点、接入点—计量箱等关系数据及时推送到数据中心，营销系统负责从数据中心抽取生产数据，保证营配数据贯通。通过各个系统相互配合，及时准确地完成营配数据的挂接。

（1）发现问题。

①生产侧 PMS 2.0 系统中营配台账信息正确，但无法同步到营销系统中，营销侧无法接收到营配台账信息，导致配网资源贯通率低，且地州营配贯通数据治理人员无法定位问题数据原因。

②在图形上 GIS 1.6 系统中营配关系数据准确，变压器—接入点—表箱挂接关系没有问题，但营销低压用户一直无法挂接到对应台区上，地州数据治理人员无法定位是数据未推送到数据中心，营销系统一直未读取数据，对数据整改造成了很大困难。

③营销正常的业务流程产生的异动数据，在系统层面无法管控，比如营销业扩报装换表、计量故障换表等业务造成的异动数据，需要及时通知建模人员维护，而没有流程可以通知建模人员，导致异动数据无法及时治理贯通。

④生产拆分线路或台区，无法验证系统数据是否和现场数据一致，可能会影响台区线损指标。

（2）分析问题。

①分析 PMS 2.0 设备台账信息未同步至营销系统的原因分析。

a. 台账信息在 PMS 2.0 中已经维护完成，但数据并没有推送至数据中心；

b. 数据中心仅仅只有台账信息，没有关系数据，而营销系统在读取数据时，会判断台账及关系是否都完整，否则不读取；

c. 生产侧 PMS 2.0 推送到数据中心的台账信息有问题，比如变压器类型应该是公变，但是推送到数据中心的数据是专变；还有变压器类型是公变，但是推送过来的线变关系是公线与专变关系等。

以上问题都会导致生产数据无法正常同步至营销系统中，但地州营配调贯通工作人员没有工具可以核查数据未正确同步的原因，无法对问题数据进行分析，导致营配数据整改缓慢。

②营销系统中低压用户无法挂接电网台区的原因分析。

a. GIS 推送关系数据不完整，例如：只推了接入点—表箱数据，但缺少变压器—接入点数据；

b. 对专变公用的变压器信息，推送的关系数据中把变压器的使用性质推送成了专变，导致用户无法挂接。

③异动数据无法管控原因分析。

在营销系统中新装、换表新用户在流程中就已经挂接到了电网台区上，但是用户表并没有建立箱—表关系，如果新装了表箱，也没有建模，而这部分用户的数据量还比较大，在工作中很难管控。

④生产拆分线路或台区导致挂接异常原因分析。

生产现场进行台区改造的过程中，例如现场在 15 级杆处拆分，但是系统是在 18 级杆处拆分的，这样就导致系统和现场不符，导致营销侧用户挂接出现异常。

（3）解决问题。

针对以上问题，某省电力公司组织营销部、运检部等业务部门，协同营配贯通相关业务人员和技术人员对现有情况进行分析，开发设计了营配信息共享平台，新增营配贯通核查管控功能，对营配贯通数据进行分析，加快公司营配贯通问题数据整改。

①监控 PMS、GIS 推送数据，及时准确定位错误原因。

在营配信息共享平台中建立数据中心数据查询模块，对每日在 PMS 和 GIS 系统中维护的数据进行监控，查看数据是否推送给营销系统，对推送至营销系统的数据与PMS和GIS系统维护的数据进行对比，对没有推送过来的数据进行原因分析，定位未推送原因，有针对性地进行维护，对推送过来的数据进行字段属性监控，查看推送过来的数据属性和系统本表数据是否一致，分析不一致原因。通过对比写入数据中心数据时间和营销读取时间来判断数据同步及时性，如图 11-41 所示。

②利用营配信息共享平台，定位低压数据未贯通的原因。

对推入到数据中心的低压数据进行验证，分析无法读取到营销系统的数据，给出问题数据说明，方便营配数据治理人员及时准确定位不能同步的原因，便于数据整改，保障营配数据贯通的及时性与准确性，如图 11-42 所示。

③完善营配信息共享平台，加强营配信息管控。

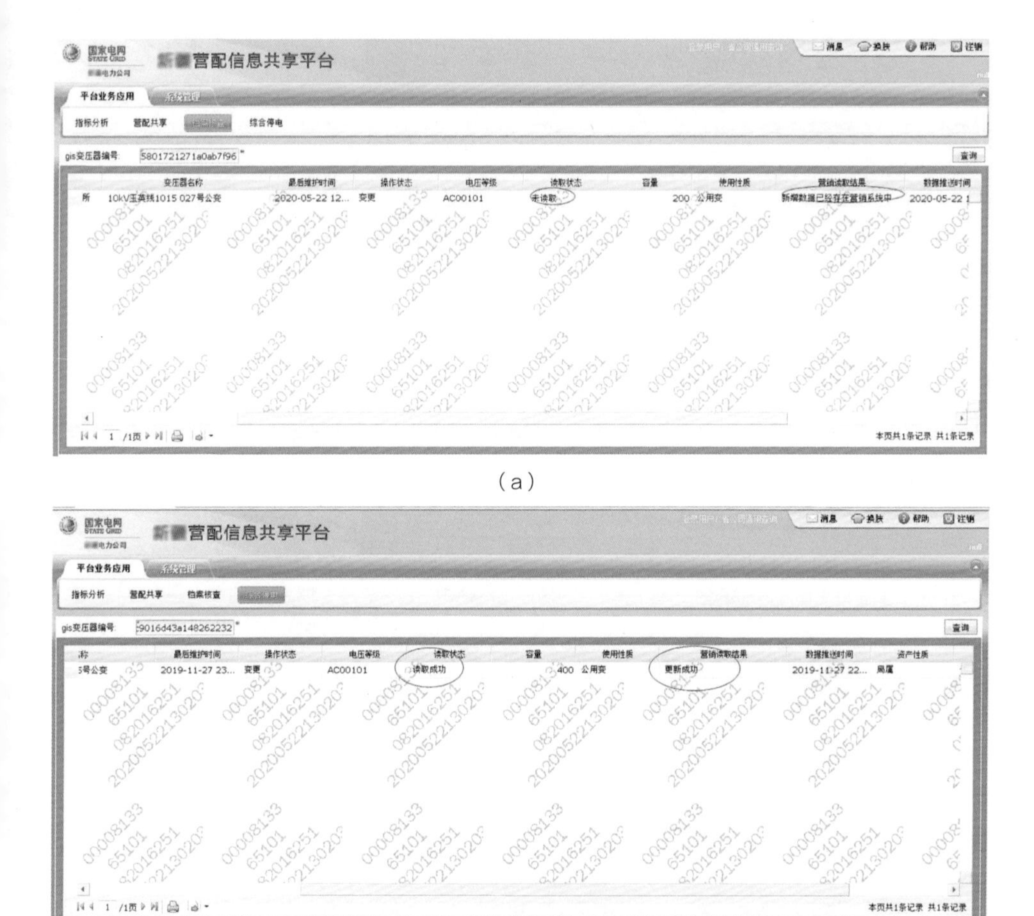

（a）

（b）

图 11-41　PMS、GIS 推送数据监控功能

（a）档案核查数据；（b）综合停电数据

为了更好地监测数据贯通情况，对生产 PMS2.0 中的变电站、线路、变压器总量数据进行统计，与已经贯通至营销系统的数据进行对比，过滤出未贯通的数据。

某省电力公司营配贯通数据质量治理管控组利用沟通机制对各地市数据质量治理过程中遇到的问题进行收集及汇总，由省公司给予统一协调及时解答。为各地市公司数据治理提供有效的协调及支持，加快营配贯通数据质量治理。对未贯通数据制定倒排计划，制定管理成效指标，保证数据及时整改完成。

④利用营配信息共享平台，定位台区线路拆分问题。

对于台区线路拆分造成的问题，可以通过用户分析、台区分析、线路分析、变电站分析来查看异常数据。

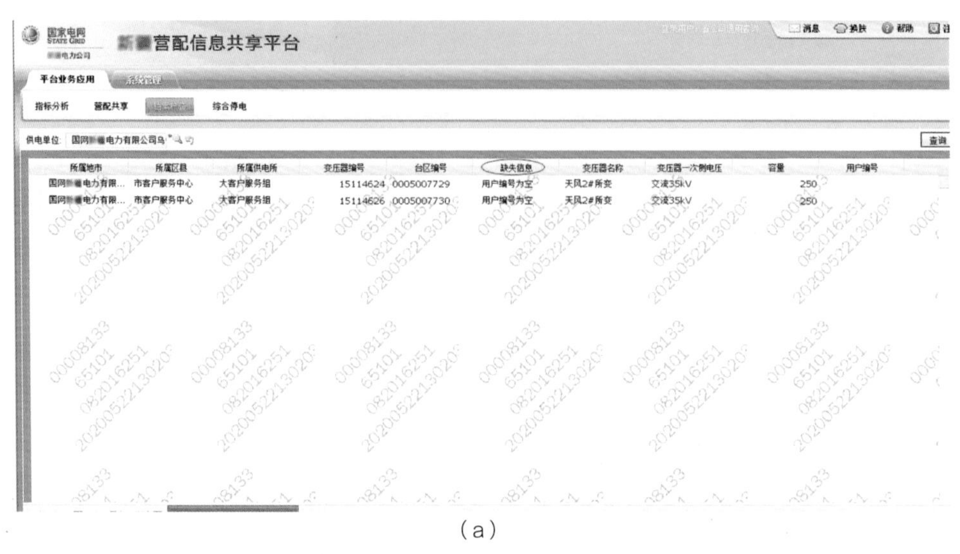

（a）

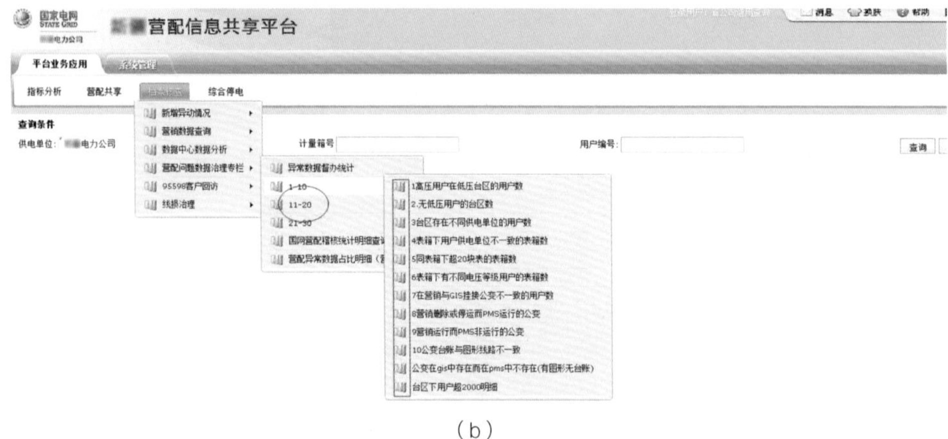

（b）

图 11-42　低压数据未贯通原因定位功能

（a）无法读取到营销系统的数据；（b）给出问题数据说明

（4）经验总结。

①通过营配信息共享平台的分析功能，及时分析电网 GIS 平台中拓扑关系生成进展、PMS2.0 系统数据异动同步状态和营销系统数据读取过程是否正常等三个关键点，在不影响数据库安全运行的情况下，每日制定数据同步数量，尽快完成关系电网 GIS 数据关系生成、PMS2.0 数据异动同步和营销系统数据读取工作。如果出现指标下滑，首先分析设备拓扑连通率，其次查看 PMS2.0 向数据中心同步的数据是否完整，再次查看营销系统数据读取过程是否正常，是否锁表等情况。

②加快对新增的开关站、开闭所下的分支专线上挂接的公变、公线、专线、专变核查，逐一进行挂接关系的整改。

③认真分析营配贯通“站—线—变”拓扑连通率，针对存在的问题，逐一进行的核查整改。

④加强与业务部门的协调沟通，通过技术手段督促业务部门尽快完成电网设备图形“应绘未绘”问题。

⑤在数据治理的同时必须加强管控力度，加强参与工作技术人员培训，避免人员操作生疏，责任心不强，影响工作质量和工作进度。

同期线损数据质量治理

某省电力公司立足于现有的线损系统管理模式，进一步加强降损节能工作，强化线损精益化管理，充分挖掘和发挥智能电表、采集终端等相关装置的大数据价值，提升线损管理的信息化水平，通过建设同期线损系统实现供电量、同期售电量自动采集，线损率自动计算、实时监测和同期统计分析。实现全省 35 千伏及以上分压、分线的同期管理和某市 10 千伏及以上分压、农网分线和分台区线损管理。

（1）发现问题。

针对电能量采集系统数据目前存在的问题开展深入剖析，目前某省电力公司同期线损系统每月 1 日接入电能量采集系统表底数据。由于地域广阔，冬季时间较长，下大雪较多，现场表计容易损坏，换表情况比较多，换表记录人工汇总统计繁琐，易造成重复上传。由于人工频繁上传，造成人工上传换表记录工作量大，且效率低下。

（2）解决问题。

为提高接入数据质量和工作效率，针对换表记录重复性工作造成的效率低下进行优化提升，通过编写程序实现了换表记录自动化上传。

①数据集中管控。

借助某省电力公司一体化电量与线损系统建设及应用推广工作推进，搭建全方位数据运营管理平台下专项场景“同期线损数据质量治理”模块，以线损管理为引线，以基础数据质量为抓手，将 PMS 系统、营销系统等档案进行全方位整合，通过大数据自动比对分析，对各项业务数据开展规范性与有效性的监测、检验和治理，并对各系统之间的贯通性和融合程度进行检验，将不合规数据全方位展示，提升整改效率。

②异常自动校验。

通过全业务数据管理平台下的同期线损数据质量治理模块，设立异常日常监测，依据数据及业务规范准则，实现异动规则自动校验，快速定位异常，如图 11-43 所示。

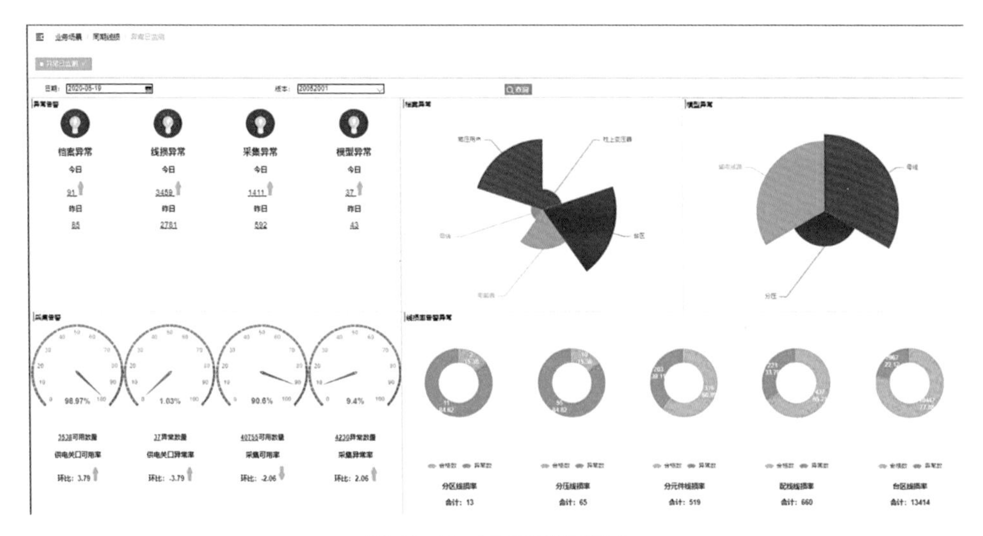

图 11-43　异常日常监测图

③制定异常工单处理机制。

确立责任部门及责任人，通过异常工单的自动下发流程及申诉流程，建立问题工单处理机制，形成问题全流程闭环管理，如图 11-44 所示。

（3）成效及总结。

同期线损数据质量治理模块充分依托基础数据异动监测及有效性评价，按日分单位、分专业、分类别自动统计异常数据，生成专业数据质量治理清单并预警提示，提升问题发现效率，尤其对台区和配线高损和负损情况提升显著。并在展示异常数据质量治理进度的同时，按期通报未完成治理任务的原因及有效性评价结果，实现问题闭环管理。在数据求真求准的基础上，进一步提高了某省电力公司的现代化数据管理水平，支撑公司经营决策。

图 11-44　异常工单管理系统

名词索引

参考文献

[1] DAMA International. DAMA 数据管理知识体系指南 [M]. 马欢，刘晨，译. 北京：清华大学出版社，2012.

[2] 中华人民共和国国家质量监督检验检疫局，中国国家标准化管理委员会. 信息技术服务—数据中心服务能力成熟度模型：GB/T 33136—2016[S]. 北京：中国标准出版社，2016.

[3] 中华人民共和国国家质量监督检验检疫局，中国国家标准化管理委员会. 信息技术—大数据—术语：GB/T 35295—2017[S]. 北京：中国标准出版社，2017.

[4] 孙宏斌. 能源互联网 [M]. 北京：科学出版社，2020.

[5] 朝乐门. 数据科学理论与实践 [M]. 北京：清华大学出版社，2017.

[6] 中国信息通信研究院云计算与大数据研究所. CCASA TC601 大数据技术标准推进委员会. 数据资产管理实践白皮书（4.0 版）[Z]. 北京：中国信息通信研究院云计算与大数据研究所，2019.

[7] 中华人民共和国国家质量监督检验检疫局，中国国家标准化管理委员会. 数据管理能力成熟度评估模型 GB/T 36073—2018[S]. 北京：中国标准出版社，2018.

[8] IEC61968，配电管理系统标准 [S]. 国际电工委员会，2013.

[9] IEC61970，能量管理系统应用程序接口（EMS-API）[S]. 国际电工委员会，2013.

[10] 国家电网有限公司. 国家电网有限公司企业信息模型设计说明书 [Z]. 北京：国家电网有限公司，2019.

[11] 凌卫家，施永益，夏洪涛，等. 数说电网运营——电网企业运营大数据分析案例集萃 [M]. 北京：清华大学出版社，2004.

[12] 王珊，萨师煊. 数据库系统概论（第 5 版）[M]. 北京：高等教育出版社，2014.

[13] 中国信息通信研究院. 大数据白皮书（2019 年）[Z]. 北京：中国信息通信研究院，2019.

[14] 杨艳. 数据加密技术 [J]. 电脑知识与技术，2009，5（33）：9290-9291.

[15] 侯杰，董宁，顾天一. 浅谈计算机数据备份和数据恢复技术 [J]. 数码世界，2019（5）：93.

[16] 中华人民共和国国家质量监督检验检疫总局，中国国家标准化管理委员会. 物

联网　术语：GB/T 33745—2017[S]. 北京：中国标准化出版社，2017.
[17] 洪松林，庄映辉，李堃. 数据挖掘技术与工程实践 [M]. 北京：机械工业出版社，2014.
[18] 刘振亚. 全球能源互联网 [M]. 北京：中国电力出版社，2015.
[19] 王继业. 电力大数据技术及其应用 [M]. 北京：中国电力出版社，2017.
[20] 刘建明. 物联网与智能电网 [M]. 北京：电子工业出版社，2012.
[21] 赵兴峰. 企业数据化管理变革 [M]. 北京：电子工业出版社，2016.
[22] 刘驰，胡柏青，谢一. 大数据质量治理与安全 [M]. 北京：机械工业出版社，2017.
[23] 王汉生. 数据资产论 [M]. 北京：中国人民大学出版社，2019.
[24] 杰弗里·波梅兰茨. 元数据：用数据的数据管理你的世界 [M]. 李梁，译. 北京：中信出版集团，2017.
[25] 国家电网有限公司. 国家电网公司企业中台建设方案 [Z]. 北京：国家电网有限公司，2019.
[26] 单志广，房毓菲，王娜. 大数据治理：形势、对策与实践 [M]. 北京：科学出版社，2016.
[27] 许子明，田杨锋. 云计算的发展历史及其应用 [J]. 信息记录材料，2018，19（8）：66—67.
[28] 刘建华，郑晓坤，郑东，等. 基于属性加密且支持密文检索的安全云存储系统 [J]. 信息网络安全，2019（7）：50—58.
[29] 付登坡，江敏，任寅姿，等. 数据中台：让数据用起来 [M]. 北京：机械工业出版社，2020.
[30] 刘陈，景兴红，董钢. 浅谈物联网的技术特点及其广泛应用 [J]. 科学咨询，2011（25）：86.
[31] 周伟. 能源互联网中大数据技术思考 [J]. 电子世界，2019（01）：104.
[32] 劳拉·塞巴斯蒂安－科曼尔（Laura Sebastian-Coleman）. 穿越数据的迷宫：数据管理执行指南 [M]. 汪广盛等，译. 北京：机械工业出版社，2020.
[33] DAMA 国际. DAMA 数据管理知识体系指南（原书第 2 版）[M]. DAMA 中国分会翻译组，译. 北京：机械工业出版社，2020.